阅读成就思想……

Read to Achieve

心理学与商业应用系列

The Complete Personality Assessment

Psychometric tests to reveal your true potential

个性优势

揭示个人能力真相的心理测评

[英] 吉姆·巴雷特（Jim Barrett） 休·格林（Hugh Green） 著 覃薇薇 译

中国人民大学出版社

·北京·

推荐序一

张建新
中国科学院心理研究所研究员
中国心理学会心理测量专委会副主任

英国畅销书《个性优势：揭示个人能力真相的心理测评》（*The Complete Personality Assessment: Psychometric tests to reveal your true potential*）已被专业而流畅地翻译成中文，即将由中国人民大学出版社推向市场了。我特意使用了"市场"一词，是因为本书的定位。这本书一方面是写给那些正在人才市场门前犹豫徘徊的人，他们不知应该以怎样的形象和特质去面对人事部门的考官，让自己能够挥斥方遒，给人以良好印象，以期在众多竞争者中完美胜出；另一方面，这本书也是写给已经步入职场但仍懵懂茫然的人，他们不知如何更好地适应工作压力和人际关系，发挥自己的潜在能力，以便能够绩效超群，成为职场雄才与精英。

市场和职场都不相信眼泪。要使自己能够示人以良好形象，展现胜任特质，挖掘出特色潜能，取得骄人绩效，首要前提就是要正确地认识和了解自己，光大自己的优势，补足自己的短板。在使人认识自己、光亮自己方面，心理学较之其他学科更加当仁不让，而其中心理测评则可能更是一种先锋手段，它可以通过自评和量化比较，使自己的特质、潜能和人际关系特征等明确而细致地凸现出来。《个性优势》正是这样一本心理测评的书，它十分周到细腻，手把手地教你如何认识自己。本书两位作者中，一位是吉姆·巴雷特，他是心理学家和企业咨询顾问，已经出版了十几本相关的书籍；另一位是休·格林，他是某集团公司的人力资源总监兼独立顾问。他们在这本书中把英国人的科学素养和职业精神做到了极致——尽其所能地帮助你顺利从市场进入职场，由职场升入适身专业，选定终生职业，实现人生梦想。

这本书共涉及三大心理测评的主题：人格测试、职业发展规划和生活工作平衡。通过自评测试，受测者大致可以了解到自己的个性优势、适合从事的职业、自己的职业倦怠程度，以及自己在工作和生活之间的平衡与失衡。测试结果能够帮助你全方位地认识自己，认识自己与职场、工作与生活之间的关系。有了正确的自我认知之后，你自然就有了更为优化的基础，更加明确如何朝向自己满意的职场目标进一步修整自己、改变自己和提升自己。

国内目前有关职场测评的书很多，但因测评的版权问题，大多数这类书籍都不会公开发表测试的所有内容，或者书中多有一

些保留，或者书籍与测试分开，需要读者了解相关测试介绍之后，再去专门进行测评。这会为读者造成诸多不方便。但《个性优势》一书则极少保留，让读者既能够顺畅阅读，又能便捷地进行测评，从而能够立即从多角度认识自己。读者读罢此书，就应该能够真正体验到两位作者的用心与爱心。

市场的自由度越高，对于每位职场参与者的不确定性就越大。《个性优势》一书从帮助人们认识自己的侧面，会在一定程度上减少各种不确定性对人的心理造成的影响。近年来，我国众多研究报告都指出，对未来职业选择的焦虑、职业倦怠、职业压力使工作—生活失衡，从而造成的家庭矛盾等，已经形成了企事业单位生产力进一步提升的阻力，也影响到了职工的心理健康及其家庭的和谐。由此而言，高中生和大学生及其家长，企事业人力资源负责人及管理者、职工家属等，都可以通过阅读此书而获益良多。

总之，《个性优势》是一本适合所有与职场利益相关者读的书。我甚至建议，那些从事人格测评和人力资源管理研究的专业人士，能不拘位高权重的身份，读一读此书，你也一定会从书中得到某种不经意而获取的启发。

2020 年 3 月

宅在北京的家中

推荐序二

黄伟强
壹心理创始人

我们喜欢看逆袭的故事，从童年时代就已经开始。

我们把自己放置于故事里，在主人公的蜕变中获得精神上的满足。但是，可能很少有人会去思考逆袭的本质。即使是最耳熟能详的逆袭故事，如《丑小鸭》，你有没有想过，安徒生到底想表达什么？

它讲述的是一只天鹅，却活在鸭子的世界里。歌德曾说，蝴蝶在蛹的世界里，不会被认为是美丽的。丑小鸭出身在鸭子的世界，不是悲剧；悲剧的是，这个世界以鸭子的眼光去看待它。

如果世界以“鸭子”的眼光看你，那么即使你真的是一只天鹅，也可能活在鸭子的命运里。这是一个最常见的生活谬误！当我们和别人对自己的偏见达成了默契，这时，“他人即地狱”。

安徒生用寥寥几笔描述出了这个地狱："大家都要赶走这只可怜的丑小鸭。鸭儿们啄他，小鸡们打他，连喂鸡的女佣人也用脚踢他。于是他只好连夜飞过篱笆逃走了。"

生命的每一次逆袭，必须从重新认识自己开始。

· · ·

"认识你自己！"苏格拉底把自己的座右铭刻在了德尔菲神庙之中。它成了很多人的写作的素材、谈资。除此以外，再无更多的价值。

2011 年，我创办壹心理。希望国人可以了解心理学，通过心理学更好地认识自己。九年来，每次有人想加入壹心理这个团队，我都必问两个问题。

第一个问题："如果请你用三个词汇来描述自己，让别人最快了解你是一个什么样的人，那么你会选择哪三个词汇？"

第二个问题来自彼得·蒂尔（Peter Thiel）的《从 0 到 1》（*Zero to One*）一书。我经常这样问面试者："在什么重要的事情上，你和别人有不一样的看法？"

我问过几百个人。很多人面对第一个问题会很迟疑，但是往往还是能答上来；但对于第二个问题，很多人是回答不上来的。我们对"自己"的探索，真的很少花心思。可即使我们开始向内走，想要探索自己的内心，也缺乏方法和工具。

天啊！到底要如何认识自己？

· · ·

山本耀司说，“自己”这个东西是看不见的，只有撞上一些别的什么，反弹回来，才会了解“自己”。

外界的反馈是认识自我的一种方式。反馈越多，我们对自己的认识就会越全面，并且更客观。然而，等待反馈是一个被动且漫长的过程，而且在这个过程中常常存在着“幸存者偏差”。很多时候，别人因为不想得罪你，只会给你反馈让你舒服而非真实的意见。

《个性优势》的作者心理学家吉姆·巴雷特和人力资源总监休·格林，试图通过本书为我们提供一个科学、客观的测评工具，以帮助我们去了解自己。

这本书像是一个探测仪和分析器，让我们清晰地知道，我们到底是“丑小鸭”还是天鹅。

终有一天你会明白，真正让我们逆袭的，不是你的付出和努力，而是你足够了解自己！

前言

以他人期待的方式对待一个人，这个人就能成为他想成为的人。

约翰·沃尔夫冈·冯·歌德（Johan Wolfgang von Goethe, 1749—1832）

继歌德之后，乘着现代心理学技术的东风，我们终于可以喊出："以你期待的方式对待你自己，你就能成为你想成为的人。"

吉姆·巴雷特

休·格林

本书旨在告诉你一个真相，而且这个真相只有最好的朋友才会告诉你。这个真相是帮助你了解自我的唯一途径。如果你对自己抱着负责的态度，被别人告知真相和对自己说真话就都必不可少。没有人比你更适合为你的人生做选择。

或许你认为别人并不了解你，但别人确实了解你的为人。别人比你想象中更懂你，而你也比别人更了解他们自己。本书还将告诉你更多关于别人的真相，以及更多关于你自己的真相。

你表现出来的性格突显了你的自我。倘若你做了某些出人意料的事情，别人就会品头论足：“这太不像你了！”倘若你做了连自己都意想不到的事情，你也会感到诧异：“这也太不像我了。”当你压抑自我或者不能做自己想做的事情时，你甚至会讨厌自己。

没错，你的每一个行为都是自我的体现。可是正如其他所有人一样，你的自我都被深深地掩盖在表面之下。本书将帮你揭开隐藏深处的秘密，并教你如何善加利用它。

每个人都与生俱来地具有潜能，这可是科学的最佳预测。我们身上的基因似乎决定了“我们是谁”，可关键是，我们如何通过自己的选择来创造自己的人生呢？我们当然可以做出任何选择，这听上去很简单，但这往往就是问题的开端。因为我们常常觉得自己别无选择，而事实上我们确实有选择的余地，只是我们害怕做选择。

令人矛盾的是，当我们明明知道自己可以做选择，而且这样做很有可能会让我们自我感觉良好时，我们仍然会畏缩不前，所以我们经常变成了自己的绊脚石。担心事情的结果使我们谨言慎行。尽管我们对自我有预见性，但梦想和现实的鸿沟仿佛难以逾越，毕竟我们都非常害怕失败、丢脸和被拒绝。妥协似乎是更好的选择，我们习惯了自我安慰：“我想要的只是一个空想啊。”

于是，我们假装别无选择，这不过是为自己找理由和自我欺骗罢了。后果显而易见：别人永远都不可能真正地了解我们。更糟的是，连我们自己都不了解自己。我们悲哀地看到，我们因为从未活出真实的自我而感到痛苦。

本书精心研究的心理测量和分析技术将帮助你了解真实的自我，厘清人生的矛盾，重归平衡，并以结构化的方法使你弄清隐藏的情绪如何产生影响，以及如何有效控制这些情绪。归根结底，本书的目的是使你成为你想成为的人。

概要

你能从本书设计的问卷中，获知重要他人对你的反馈和互补的观点。

第 1 章　你的个性

六因素人格测试揭示出你个人行事风格的六个重要性格特征。测试结果能让你更好地了解自己和别人的性情。假如你能够有效运用这些知识，就肯定能在生活和职场上无往不利。

第 2 章　你想从事什么职业

职业动机表和职业发展剖面表可以分析出哪些类型的工作能调动你的积极性，并且帮助你如何解决工作中的问题。本章重点介绍职场中的不确定性和冲突，将帮助你做出最适合自己的职业规划。此外，本章实践操作题目还可以引导你追求满意的决策。

第 3 章　让你的工作与生活实现平衡

生活平衡测试帮助你以批判的眼光审视生活中的关键领域，它们与你的满意度和成就感息息相关。如果你渴望挖掘自己最大的潜能，那么保持生活的平衡尤为重要。根据测试的结果，你需要检视自己在哪些方面裹足不前。至于如何解决这些问题，本章提供了一些能帮助你达成所愿的建议，从而使你做出保持生活平衡的决策。

Contents
目 录

第1章

你的个性

在本章中，你可以通过六因素人格测试来了解你的行事风格和在人际关系中透露出来的最核心的个性特征。通过分析测试结果，你能更清楚地认识自己以及自己的潜能。你能成为什么样的人？你还没有成为理想中的自己吗？本章提供的练习能有助于你提升自我认识的洞察力。

你对自己满意吗

“真实的你”很有可能不是你表现出来的样子！“真实的你”是你可以成为的那个自己。

虽然别人能一眼认出你独有的性格特点，但你可能还有千百种面孔尚未表露出来。也许你不知道该如何去表达，也许你还没有意识到自己拥有哪些特质，因为它们可能就潜藏于你的内心深处。在偶然的场合中，当某种特殊的情境激发出你所有的潜能时，你或许就会遇见最真实的自己。又或许当你思绪飞扬、天马行空地遨游于天地时，真实的自我才会浮现出来。

六因素人格测试

第一部分：我是什么样的人

在填写问卷时，请你诚实地面对现在的自己，描述此时你在生活中表现出来的样子，而不是你想象中的自己或是想成为的人。请务必深刻地审视自我。无论你多么不喜欢面对，或是你多么渴望与众不同，诚实是首要原则。请你对你的答案负责，你回答得越真实，结果就越准确，这样才能从后面的练习中获益更多。

尽可能按照你对自己的看法诚实作答（同意或不同意），千万不要根据你想象中的自己回答。仔细地回想平时你的所思、所行、所感。请看下面的例题：

	我是什么样的人					
	同意					不同意
	1	2	3	4	5	6
我在清醒的时候高度警觉	○	○	○	○	○	○

表 1－1 可以帮助你记录你对真实的自己的看法，你只需要在描述后面的圆圈里打“√”或“×”。圆圈上方的数字依次表示：

1. 完全同意；
2. 同意；
3. 基本同意；
4. 基本不同意；

5. 不同意；

6. 完全不同意。

请你先完成第一部分的问卷。暂时忽略右列，那是第二部分的内容。在你完成第一部分之后，我们再做详细解释。

在“我是什么样的人”一栏里，每项陈述后面都有六个数字供你选项，请你按照最真实的自己在圆圈里打“√”。

表1－1　六因素人格测试

	第一部分 我是什么样的人 同意					不同意	第二部分 我想成为什么样的人 不同意					同意
	1	2	3	4	5	6	6	5	4	3	2	1
1. 喜欢碰运气	○	○	○	○	○	○	○	○	○	○	○	○
2. 为他人担忧	○	○	○	○	○	○	○	○	○	○	○	○
3. 享受独处	○	○	○	○	○	○	○	○	○	○	○	○
4. 与说话相比，更喜欢倾心聆听	○	○	○	○	○	○	○	○	○	○	○	○
5. 极少感到疲倦	○	○	○	○	○	○	○	○	○	○	○	○
6. 有独到的见解	○	○	○	○	○	○	○	○	○	○	○	○
7. 面对变化，小心谨慎	○	○	○	○	○	○	○	○	○	○	○	○
8. 感情用事	○	○	○	○	○	○	○	○	○	○	○	○
9. 合群	○	○	○	○	○	○	○	○	○	○	○	○
10. 喜欢掌控一切	○	○	○	○	○	○	○	○	○	○	○	○
11. 有时候感觉脆弱	○	○	○	○	○	○	○	○	○	○	○	○
12. 不相信自己的想象力	○	○	○	○	○	○	○	○	○	○	○	○
13. 容易分心	○	○	○	○	○	○	○	○	○	○	○	○
14. 遭到批评时会伤心	○	○	○	○	○	○	○	○	○	○	○	○

续前表

	第一部分 我是什么样的人						第二部分 我想成为什么样的人					
	同意					不同意	不同意					同意
	1	2	3	4	5	6	6	5	4	3	2	1
15. 在社交场合感到无聊	○	○	○	○	○	○	○	○	○	○	○	○
16. 不爱争论	○	○	○	○	○	○	○	○	○	○	○	○
17. 比大多数人精力充沛	○	○	○	○	○	○	○	○	○	○	○	○
18. 足智多谋	○	○	○	○	○	○	○	○	○	○	○	○
19. 小心谨慎	○	○	○	○	○	○	○	○	○	○	○	○
20. 做事坚决果断	○	○	○	○	○	○	○	○	○	○	○	○
21. 有亲和力	○	○	○	○	○	○	○	○	○	○	○	○
22. 经常指挥别人	○	○	○	○	○	○	○	○	○	○	○	○
23. 偶尔需要休息一下	○	○	○	○	○	○	○	○	○	○	○	○
24. 思想传统	○	○	○	○	○	○	○	○	○	○	○	○
25. 对例行公事感到厌烦	○	○	○	○	○	○	○	○	○	○	○	○
26. 对别人的批评敏感	○	○	○	○	○	○	○	○	○	○	○	○
27. 只有在不得已的情况下才参与社交活动	○	○	○	○	○	○	○	○	○	○	○	○
28. 接受别人的决定	○	○	○	○	○	○	○	○	○	○	○	○
29. 高度活跃	○	○	○	○	○	○	○	○	○	○	○	○
30. 发明过某样东西	○	○	○	○	○	○	○	○	○	○	○	○
31. 讨厌不确定	○	○	○	○	○	○	○	○	○	○	○	○
32. 坚持实事求是	○	○	○	○	○	○	○	○	○	○	○	○
33. 呼朋引伴	○	○	○	○	○	○	○	○	○	○	○	○
34. 影响他人	○	○	○	○	○	○	○	○	○	○	○	○
35. 总是手足无措	○	○	○	○	○	○	○	○	○	○	○	○
36. 对新观念持谨慎态度	○	○	○	○	○	○	○	○	○	○	○	○

续前表

	第一部分 我是什么样的人 同意 1	2	3	4	5	不同意 6	第二部分 我想成为什么样的人 不同意 6	5	4	3	2	同意 1
37. 喜欢冒险	○	○	○	○	○	○	○	○	○	○	○	○
38. 属于“心软”的类型	○	○	○	○	○	○	○	○	○	○	○	○
39. 独来独往	○	○	○	○	○	○	○	○	○	○	○	○
40. 顺从	○	○	○	○	○	○	○	○	○	○	○	○
41. 总是忙个不停	○	○	○	○	○	○	○	○	○	○	○	○
42. 改进工作方式	○	○	○	○	○	○	○	○	○	○	○	○
43. 妥善地完成任务	○	○	○	○	○	○	○	○	○	○	○	○
44. 意志坚定	○	○	○	○	○	○	○	○	○	○	○	○
45. 通常结伴而行	○	○	○	○	○	○	○	○	○	○	○	○
46. 喜欢下命令	○	○	○	○	○	○	○	○	○	○	○	○
47. 意志薄弱	○	○	○	○	○	○	○	○	○	○	○	○
48. 传统思想观念根深蒂固	○	○	○	○	○	○	○	○	○	○	○	○
49. 善变	○	○	○	○	○	○	○	○	○	○	○	○
50. 避免让别人心烦	○	○	○	○	○	○	○	○	○	○	○	○
51. 单独行动时效率最高	○	○	○	○	○	○	○	○	○	○	○	○
52. 常常犹豫不决	○	○	○	○	○	○	○	○	○	○	○	○
53. 利用闲暇时间工作	○	○	○	○	○	○	○	○	○	○	○	○
54. 灵感如泉涌	○	○	○	○	○	○	○	○	○	○	○	○
55. 喜欢让事情保持原状	○	○	○	○	○	○	○	○	○	○	○	○
56. 与别人交往，态度坚定	○	○	○	○	○	○	○	○	○	○	○	○
57. 尝试去了解别人	○	○	○	○	○	○	○	○	○	○	○	○
58. 喜欢控制别人	○	○	○	○	○	○	○	○	○	○	○	○
59. 常常想要放弃	○	○	○	○	○	○	○	○	○	○	○	○

续前表

	第一部分 我是什么样的人 同意　　不同意						第二部分 我想成为什么样的人 不同意　　同意					
	1	2	3	4	5	6	6	5	4	3	2	1
60. 害怕改变	○	○	○	○	○	○	○	○	○	○	○	○
	现在可以阅读下面的说明，准备完成第二部分						现在继续计算你的得分					

第二部分：我想成为什么样的人

接下来的内容将考察你想要成为什么样的人，也就是说，在没有任何阻碍的情况下，你究竟能够成为什么样的人。你没有必要成为另一个与现在的自己迥然不同的人，我们只是纯粹地探讨你想要变成什么样子。与此时此刻的你相比，你能够成为什么样的人？你的潜能又在哪里呢？

请你阅读每一道题目并按照你真正想成为的样子作答——同意或不同意。你可以尽情发挥想象力，尽可能甩掉不自信、炫耀和谦虚的包袱，根据你“理想中的自我”回答每一道题。

题目中的描述与第一部分相同，但是记分的顺序是从 6 到 1 排列，请看下面的例题。

	我想成为什么样的人 不同意　　同意					
	6	5	4	3	2	1
我在清醒的时候高度警觉	○	○	○	○	○	○

还是有必要提醒你一下，圆圈对应的数字依次表示：

1. 完全同意；
2. 同意；
3. 基本同意；
4. 基本不同意；
5. 不同意；
6. 完全不同意。

每项陈述句后面都有六个选项，请你按照真实的想法在圆圈里打"√"或"×"。

重新回到测试的起点，从右栏开始答题，暂时忽略左边已经答过的题目。当然，你也可以遮住左边的答案，开始答题吧！

六因素人格测试第一、第二部分的计分

在你完成第一、第二部分的问卷后，就可以利用表 1－2 至表 1－7 计算分数。以关于随意性的表格（见表 1－2）为例，这个维度包含的所有题号及相关的选项都一一列出。例如，第一部分"我是什么样的人"问卷的第一道题中，如果你勾选了 1 或 2 选项，就得 1 分。反之，不得分。如果你在第七道题上勾选了 4、5 或 6 选项，就得 1 分。反之，不得分，横线上保持空白。同理，完成这个维度所有题目的计分，最后计算你的得分。你的总分将分布在 0 到 10 之间。对第二部分的问卷也采用相同的计分方式。

表 1－2 随意性

题号	勾选的选项	第一部分 我是什么样的人	第二部分 我想成为什么样的人
1	1 或 2	______	______
7	4、5 或 6	______	______
13	1、2 或 3	______	______
19	3、4、5 或 6	______	______
25	1、2 或 3	______	______
31	4、5 或 6	______	______
37	1 或 2	______	______
43	5 或 6	______	______
49	1、2、3 或 4	______	______
55	5 或 6	______	______
	总分	______	______

表 1－3 坚韧性

题号	勾选的选项	第一部分 我是什么样的人	第二部分 我想成为什么样的人
2	4、5 或 6	______	______
8	1 或 2	______	______
14	4、5 或 6	______	______
20	1、2 或 3	______	______
26	5 或 6	______	______
32	1 或 2	______	______
38	5 或 6	______	______
44	1 或 2	______	______
50	4、5 或 6	______	______
56	1 或 2	______	______
	总分	______	______

表 1 - 4　　独立性

题号	勾选的选项	第一部分 我是什么样的人	第二部分 我想成为什么样的人
3	1、2 或 3	______	______
9	3、4、5 或 6	______	______
15	1、2、3 或 4	______	______
21	3、4、5 或 6	______	______
27	1、2、3 或 4	______	______
33	3、4、5 或 6	______	______
39	1 或 2	______	______
45	5 或 6	______	______
51	1、2、3 或 4	______	______
57	3、4、5 或 6	______	______
	总分	______	______

表 1 - 5　　控制性

题号	勾选的选项	第一部分 我是什么样的人	第二部分 我想成为什么样的人
4	4、5 或 6	______	______
10	1 或 2	______	______
16	5 或 6	______	______
22	1 或 2	______	______
28	5 或 6	______	______
34	1 或 2	______	______
40	5 或 6	______	______
46	1 或 2	______	______
52	5 或 6	______	______
58	1 或 2	______	______
	总分	______	______

表 1-6　　积极性

题号	勾选的选项	第一部分 我是什么样的人	第二部分 我想成为什么样的人
5	1、2 或 3	________	________
11	5 或 6	________	________
17	1、2 或 3	________	________
23	5 或 6	________	________
29	1 或 2	________	________
35	5 或 6	________	________
41	1 或 2	________	________
47	5 或 6	________	________
53	1 或 2	________	________
59	5 或 6	________	________
	总分	________	________

表 1-7　　创造性

题号	勾选的选项	第一部分 我是什么样的人	第二部分 我想成为什么样的人
6	1、2 或 3	________	________
12	4、5 或 6	________	________
18	1 或 2	________	________
24	4、5 或 6	________	________
30	1、2 或 3	________	________
36	5 或 6	________	________
42	1 或 2	________	________
48	4、5 或 6	________	________
54	1 或 2	________	________
60	4、5 或 6	________	________
	总分	________	________

请把表格中的总分填入下面的六因素人格图表（如表 1－8 所示）中。第一部分的得分与图表中的分数是一一对应的关系，你只需要用“○”把数字圈出来。例如，如果你在第一部分“我是什么样的人”中“随意性”维度上得 3 分，你就在表 1－8 中相应位置把数字“3”圈出来。其他维度的得分也按照同样的方式圈出来。

同理，对于第二部分“我想成为什么样的人”也像这样去做。不过，为了以示区别，请在数字上面打“×”。

在你完成上述步骤之后，请将所画的“○”和“×”分别连成折线。这样一来，两个部分在同一个维度上的得分究竟有何差异，就能一目了然。

表 1－8　　六因素人格图表

维度	得分											
随意性	谨慎											冲动
	0	1	2	3	4	5	–	6	7	8	9	10
坚韧性	软弱											坚毅
	0	1	2	3	4	5	–	6	7	8	9	10
独立性	乐群											独处
	0	1	2	3	4	5	–	6	7	8	9	10
控制性	顺从											权威
	0	1	2	3	4	5	–	6	7	8	9	10
积极性	被动											主动
	0	1	2	3	4	5	–	6	7	8	9	10
创造性	守旧											创新
	0	1	2	3	4	5	–	6	7	8	9	10

六因素测试究竟测量什么

当你面临某种情境，你会如何解决问题呢？六因素测试可以探究你行为背后的关键因素。每个人时时刻刻都有必须去完成的事情。有些事情是你有意识地去完成它，可大部分事情却是在你的潜意识中完成的。这些行为方式不过是你不断地撰写自己行为剧本的一部分，它们往往能反映出你的行事风格和人际关系的偏好。

这个测试不是道德判断，它并不能告诉你什么才是“最好的”。关键在于，“最适合你的”才是“最好的”，毕竟，对你而言“最好的”，对其他人来说可能并非如此。这个测试将引领你找到答案——你到底想要什么。

测试中的六个因素彼此独立，却又相互影响，它们组合的结果可以让你找到属于你的独一无二的个人风格。正因为每个因素各有不同，才造就了丰富多彩的你。这些因素如何影响你，以及它们会带领你走向何方，我们将在后面的内容中为你揭晓答案。

记住，下面每个词语和词组与某个因素是紧密相关的。并不是所有的词语都能准确地描述你的个性特征，一切都取决于你如何解释这些分数。这些分数对你的意义如何，你当然有自己的理由和结论。你了解自己生命中最重要的东西，当你想改变时，你有权选择自己的路和自己的生活方式。

因此，下面的描述仅供你思考和分析之用。你可能会觉得有些词语只适合描述你在某些场合的某些行为，而“中间的分数”避免了极端的描述，或意味着两端的描述都沾一点边。

这个测试可以帮助你勾选出符合你自己的描述。

你的行事风格

这一维度的两个因素能够测试出你解决问题的行事风格，包括你在应付各种困难、个人事务、人际交往、情绪情感或客观事情时的处世态度。

因素 1：随意性 – 谨慎或冲动

低分者表现出“小心翼翼”的特征，大致为：警惕、细心、谨慎、慎重、审慎、小心、谨严、留心、勤勉、缜密、勉强、可靠、一丝不苟、耐心细致、怀疑、踌躇、稳妥、警醒和机警。

高分者的特征是：冷漠、无动于衷、冒险、危险、危害、冲动、随意、恣意、任意、投机、狡猾、善变、胆大。

因素 2：坚韧性 – 软弱或坚毅

因素 2 的低分者倾向于被动的处世态度，表现出温顺、顺从、和顺、善感、忍耐、细腻、仁慈、平和、耐心、接纳、敏感、柔和、谦逊和善解人意。

高分者的特征是：主动、实事求是、坚定、活泼、急躁、狭隘、顽固、好斗、残酷、强硬、不屈和精力充沛。

你的互动模式

这个维度包含的两个因素代表你是否愿意与他人交往，你与他人交往的程度如何，以及你对他人有什么影响力。它们能够解释你喜欢用什么方式与他人相处。

因素 3：独立性 – 乐群或独处

因素 3 的低分者倾向于积极参与社交活动，显得平易近人、和蔼可亲、友善、外向、亲近、友好、友爱、和睦、合群、融洽、融合、开朗和喜欢呼朋唤友。

高分者在社交时表现出冷漠超然的态度：自主、自由、独立、持重、公正、冷漠、孤僻和沉默寡言。

因素 4：控制性 – 顺从或权威

因素 4 的低分者倾向于保持低调：羞怯、谦卑、温顺、谦虚、自然、安静、克制、孑身独处和谦逊。

高分者表现出对权力的渴望：支配他人、自信、果断、坚定、坚信自己对他人的影响力、善于摆布别人、直言不讳、控制、直截了当，并掌握监管权和话语权。

你的热情所在

首先，这一维度的得分表示你愿意为成功的结果付出多少努力。高昂的热情是一种能量，它必须被善加利用，否则就会被白白浪费，甚至引人误入歧途。当然，足够的冷静也能让人获得满意的结果。

其次是你的创造力。这一维度的得分显示你产生新思想和创造新事物的能力。创新的反面是安稳拒变。当然，守旧和创新都能使人成功，只是成功的途径不一样罢了。虽然保守的人没有惊天动地大干一场，但他至少能保证某方面的成就，而彻头彻尾的革新也有可能面临失败！

因素 5：积极性 – 被动或主动

低分者较为被动、冷静、温顺、懒散、冷漠、无精打采、温和、与世无争、平和、安静、顺从、恬静、悠闲、镇定和从容。

高分者显得更为精力充沛、干劲十足、活跃、活泼、忙碌、干劲十足、奔波、上进、勤劳、繁忙、朝气蓬勃、奋发图强、精力旺盛和兴致高昂。

因素 6：创造性 – 守旧或创新

低分者的性格特点是保守、传统、顽固、中庸、克制、故步自封、严肃、守旧和言必有据。

高分者倾向于创新、新颖、开拓、奇思妙想、独辟蹊径、入时、新奇、独特、进取和革新。

这三个维度和六个因素，与你处理事务的典型方式息息相关，也与你必须完成某件事或解决问题的所有领域有关。它们取决于你做事时所采取的方式。无论是在工作中还是在家里，你的行事风格在做任何事情时都会表露无遗。所谓的行事风格，就是你为人处世、与人交往的方式。

得分解释

1. 随意性

0、1、2、3 分

你是一个讲求实际、实事求是的人，而且不大喜欢冒险。你始终保持一颗谨慎的心，不轻易做出改变，还很害怕未知的事物。你往往不善于观察，缺乏自信和过分谨慎。

4、5、6、7 分

你追求冒险，但贵在审慎。你接受各种可能性，并且值得信赖。你不可能丧失理智，只是希望做出一些改变，尝试更多的可能性。总而言之，你善于表现自我，同时也能自如地控制自己的情绪。

8、9、10 分

你满怀热情地寻找一切新的可能性。你喜欢不断的变化，视野开阔，却也面临半途而废的危险。你做事冲动，喜爱冒险，无拘无束，固执己见，极易受新鲜事物的影响而分心。

2. 坚韧性

0、1、2、3 分

你富有洞察力，而且对周围的人、事、物较为敏感。你常常思考太多情感问题。在面对挫折时容易心烦意乱、垂头丧气，同时又斥责自己，甚至怀疑别人的动机。

4、5、6、7 分

你把事情和情感放在同等位置上。你善于规划，对别人无微不至，是一个值得信懒的人。你总是就事论事，而不是针对别人。你拥有自主决断的能力，同时也能接纳别人的长处。

8、9、10 分

你是一个墨守成规、稳妥可靠、有条不紊和讲究效率的人。你似乎不善于表达情感，所以你表面看上去很坚强、冷静。由于你具有良好的决断力和适应力，加上自力更生和勤奋卓绝的个性，几乎没有任何困难能够打败你。

3. 独立性

0、1、2、3 分

你是一个乐于参与和合作的人。你始终保持与他人的联系，并喜欢成为群体中的一分子。你待人友好，值得信赖，总是把自己的意见和别人的意见都考虑进来。

4、5、6、7 分

尽管你喜欢有人做伴，但是你也能够胜任独自一人的工作。你既能坚持不懈地追求自己的爱好，也能与他人一起分享。你很容易就和许多人打成一片，并能很快地适应集体，从中找到平衡感。

8、9、10 分

你是一个倾向于保守和严肃的人。在极端的情况下，你对社交感到极不自在。你通常会显得无动于衷，有时会害羞，有时却又毫无耐心，冷漠超然。

4. 控制性

0、1、2、3 分

你属于温和派。有时候你会显得沉默寡言和毕恭毕敬。你小心翼翼地表达自己，静静地观望事态的发展和别人对你的期望。你也许缺乏自信或只是想要用自己的方式行事。

4、5、6、7 分

你意志坚定但不是炫耀武力，你积极乐观但不是支配他人。你倾向于和别人合作但不是控制别人。在条件许可的情况下，你愿意承担责任，但更愿意与别人一起做决定。

8、9、10 分

你常常扮演着竞争者的领导角色。你胸有成竹，甚至有点急于求成。你喜欢承担责任，当你拥有追随者和拥护者时，你会发挥出最佳状态。你往往显得独断专行、毫无耐心，但是你很有说服力。

5. 积极性

0、1、2、3 分

你很难坚持长时间做同一件事。你容易被更简单的事情吸引而分心。你时常怀疑自己，缺乏决断力。当你考虑到可能出现的结果时，你会望而却步。你一般不会付出努力，可能更愿意抄近路、走捷径。

4、5、6、7 分

你做大多事情时都能保持精力充沛，并且能够做到知行合一。你积极肯干、坚定不移，即使长时间也不会感到压力的存在。你雄心勃勃，但是也会瞻前顾后，因为你在乎别人的看法。

8、9、10 分

你总是急于求成，虽然你有一颗焦躁不安的心，但始终保持着积极向上的进取心、赤诚心。你能迅速认准成功之路并持之以恒，直至成功。你给人的感觉是无情、顽固、咄咄逼人和敢作敢为。

6. 创造性

0、1、2、3 分

你的思考方式以事实为根据，看重真实可靠的经验。你遵循传统惯例，对正确的事物持现实的态度。你做事直截了当，喜欢事情朝着既定的方向发展。与激进分子相反，你喜欢保持事物的连贯性并会想方设法地改善现有的状态。

4、5、6、7 分

你喜欢变化，但不是自然而然发生的变化，而是让人耳目一新的变化。你不会创造新观念，但会运用这些奇思妙想。你接纳新事物，极具洞察力，但不挖掘事物的深度。你只是享受新事物、新观念的新鲜感，渴望它们能够带来裨益。

8、9、10 分

你不仅善于表达自己的思想，而且兴趣广泛。你非常喜欢挑战。可以说，你是一个理想主义者，凡事要求苛刻。你坚持不走寻常路，意志坚定。你具有批判和怀疑精神，看重思想，同时也有自己的想法。

分析得分

当你看着"你是什么样的人"和"你想成为什么样的人"这两个部分的得分时，你也许会思考究竟是什么原因造成了两者的差异。即使两个得分没有太大差异，这个问题仍然值得你追问：你为什么想要朝着另外一个方向努力呢?

假如你认真思考自己的得分，思索它们对你的人生究竟意味着什么，这个测试就是你的无价之宝；假如你一边答题一边在合适的地方记下自己的感悟，这个测试就能为你锦上添花。以下的内容将帮助你把自己的所思所想更加具体化，便于理解。

害怕成为“真正的你”

本书建立的前提是，你想成为的人才是真正的你，而且真正的你比现在的你更优秀！因为，只要我们充分发挥想象力，就能更好地挖掘自己所有的潜能。

当然，你没有必要把你知道的一切都付诸实践。你之所以没有去选择自己想做的事情，背后可能有各种各样的原因。然而，人们更愿意做出一个可靠的选择来为自己开脱，假装自己无能为力或是指责别人。除了缺乏自信，没有什么可以阻止你去做自己想做的事。因此，我们必须把害怕改变的想法一一摆在你的面前。当你真正面对这些恐惧的时候，你会发现它们往往都很荒谬。一旦你认清了恐惧的真相，就能找到克服恐惧的方法。

你的内心惧怕改变，这些个人体验造就了独特的、真实的你，这是改变不了的事实。其实，人类普遍心怀同样的恐惧，这些恐惧非常简单，但是对人们的影响深远，它们是我们所有情感的源头。这些恐惧包括：

- 害怕被忽视；
- 害怕自己显得愚蠢；
- 害怕被讨厌；
- 害怕让别人失望；

• 害怕自己无力应付。

请你一边分析自己的得分，一边思考你的情感及恐惧。问问当下的自己：你对自己的得分有何感受？把你的感受通通记录下来，这对了解你的个人成长的关键因素不失为一个好办法。记录具体的感受是为了有意义地聚焦它们，避免它们再次被你遗忘。究其原因，它们是你忧心如焚的源头，深深地影响了你的一言一行。举个例子，你突然觉得愤懑不平或是烦躁不安，可是你根本意识不到自己为什么会变成这样。

如果你觉得“恐惧”这个字眼太过强烈，那么可以换成一些稍微缓和的词语，如忐忑、担心、忧虑、疑虑、畏惧、不祥的预感、疑惧、不安、不定、担忧。这些词语都可以形容你焦虑的预感，它们都是阻碍你做出改变的情绪状态。“恐惧”是一个集合名词，它足以囊括所有因缺乏自信而使人裹足不前的忧虑情绪。

1. 随意性

a.

	我是什么样的人	我想成为什么样的人
得分	0、1、2、3	0、1、2、3

“我是什么样的人”和“我想成为什么样的人”几乎一样。尽管你会错失一些机会，但是你仍倾向于谨小慎微。即使两个测

试的结果只相差一分，也要问问自己这到底意味着什么。例如，虽然你不想改变太多，但是为什么测试结果会显示出你想朝着某一个方向而不是另一个方向做出改变呢？

请回答以下问题：

你是否或多或少地尝试过冒险呢？如果没有，原因何在？

____

你曾经害怕改变吗？

____

最糟糕的结果会是什么？你会怎么解决这个问题？

____

b.

	我是什么样的人	我想成为什么样的人
得分	0、1、2、3	4、5、6、7、8、9、10

你讲究实际、实事求是，但是你希望自己在做事时变得更加开阔眼界、敢作敢为。

请回答以下问题：

你为什么不喜欢现在的自己？

____

阻碍你改变的恐惧是什么？

____

最糟糕的结果会是什么？你会怎么解决这个问题？

---

c.

	我是什么样的人	我想成为什么样的人
得分	4、5、6、7	0、1、2、3

你常常掂量风险，大多数情况下不会“失去理智”。但是你希望自己更有掌控力，也更谨慎。

请回答以下问题：

你为什么不喜欢现在的自己？

阻碍你改变的恐惧是什么？

最糟糕的结果会是什么？你会怎么解决这个问题？

---

d.

	我是什么样的人	我想成为什么样的人
得分	4、5、6、7	4、5、6、7

你追求冒险，但贵在审慎。你接受各种可能性，并且值得信赖。即使两个测试的结果只相差一分，也要问问自己这到底意味着什么。例如，虽然你不想改变太多，但是为什么测试结果会显示出你想朝着某一个方向而不是另一个方向做出改变呢？

请回答以下问题：

你是否或多或少地尝试过冒险呢？如果没有，原因何在？

______

阻碍你改变的恐惧是什么？

______

你是否尝试过冒险但结果却失败了呢？你当时怎么解决这个问题？

______

e.

	我是什么样的人	我想成为什么样的人
得分	4、5、6、7	8、9、10

你渴望更多的可能性，但是你更愿意满腔热情地迎接新挑战，承担更大的风险。

请回答以下问题：

你为什么不喜欢现在的自己？

______

阻碍你改变的恐惧是什么？

______

最糟糕的结果会是什么？你会怎么解决这个问题？

______

f.

	我是什么样的人	我想成为什么样的人
得分	8、9、10	8、9、10

你喜欢改变，也敢于冒险。即使两个测试的结果只相差一分，也要问问自己这到底意味着什么。例如，虽然你不想改变太多，但是为什么测试结果会显示出你想朝着某一个方向而不是另一个方向做出改变呢？

请回答以下问题：

你是否尝试过稍微谨慎一点呢？如果没有，原因何在？

____

你是否担心自己变成另外一种性格？

____

你是否尝试过谨慎行事但结果却失败了呢？你当时是怎么解决这个问题的？

____

g.

	我是什么样的人	我想成为什么样的人
得分	8、9、10	0、1、2、3、4、5、6、7

你行事冲动，敢于冒险，但是你的内心却倾向于谨慎。虽然你敢作敢为，但是你认为自己应该更有分寸感。

请回答以下问题：

你为什么不喜欢现在的自己？

____

阻碍你改变的恐惧是什么？

____

最糟糕的结果会是什么？你会怎么解决这个问题？

____

2. 坚韧性

a.

	我是什么样的人	我想成为什么样的人
得分	0、1、2、3	0、1、2、3

你处理问题时特别在乎别人的感受。害怕失败的念头总是在你的脑海中挥之不去。你倾向于自我批评，甚至怀疑别人。即使两个测试的结果只相差一分，也要问问自己这到底意味着什么。例如，虽然你不想改变太多，但是为什么想改变，哪怕一点点也可以呢？

请回答以下问题：

你是否或多或少地尝试变得坚韧、冷酷呢？如果没有，原因何在？

____

阻碍你改变的恐惧是什么？

____

你是否尝试过坚强但结果却失败了呢？你当时怎么解决这个问题？

____

b.

	我是什么样的人	我想成为什么样的人
得分	0、1、2、3	4、5、6、7、8、9、10

你富有想象力和洞察力，在解决问题时常常抱持小心谨慎的态度。害怕失败的念头总是在你的脑海中挥之不去。你倾向于自我批评，甚至怀疑别人。你能同时兼顾事实和情绪。

请回答以下问题：

你为什么不喜欢现在的自己？

____

阻止你改变的恐惧是什么？

____

最糟糕的结果会是什么？你会怎么解决这个问题？

____

c.

	我是什么样的人	我想成为什么样的人
得分	4、5、6、7	0、1、2、3

你能同时兼顾事实和情绪。你在表达对事情的看法时并不会指责别人。你既能接受别人的优点，也能积极地发挥自己的特长。不过，你仍然希望自己更有洞察力，能更好地了解他人和他人的情绪，以便找到解决问题的最佳方案。

请回答以下问题：

你为什么不喜欢现在的自己？

____

阻碍你改变的恐惧是什么？

____

最糟糕的结果会是什么？你会怎么解决这个问题？

____

d.

	我是什么样的人	我想成为什么样的人
得分	4、5、6、7	4、5、6、7

你能同时兼顾事实和情绪。你做事很有分寸、值得信赖，而且懂得体贴别人。你在表达观点时并不会指责别人。你既能接受别人的优点，也能积极地发挥自己的特长。即使两个测试的结果只相差一分，也要问问自己这到底意味着什么。例如，虽然你不想改变太多，但是为什么测试结果会显示出你想朝着某一方向而不是另一个方向做出改变呢？

请回答以下问题：

你是否尝试变得更敏感或更无情？如果没有，原因何在？

____

阻碍你改变的恐惧是什么？

____

你是否尝试过冒险但结果失败呢？你当时是怎么解决这个问题的？

____

e.

	我是什么样的人	我想成为什么样的人
得分	4、5、6、7	8、9、10

你能同时兼顾事实和情绪。你在表达对事情的看法时并不会指责别人。你既能接受别人的优点，也能积极地发挥自己的特长。不过，你希望自己能变得更加坚韧、冷酷一点。

请回答以下问题：

你为什么不喜欢现在的自己？

____

阻碍你改变的恐惧是什么？

____

最糟糕的结果会是什么？你会怎么解决这个问题？

____

f.

	我是什么样的人	我想成为什么样的人
得分	8、9、10	8、9、10

你做事脚踏实地、有条不紊、极有效率。你不善于表达情感，外表显得坚毅或冷酷。由于你很有直觉决断力，因此你很少会被困难打败，而且你是一个随机应变、自力更生、不怕吃苦的人。即使两个测试的结果只相差一分，也要问问自己这到底意味着什么。例如，虽然你不想改变太多，但是为什么测试结果会显示出你想朝着某一个方向而不是另一个方向做出改变呢？

请回答以下问题：

你是否尝试过变得没有那么坚毅，或没有那么冷酷呢？如果没有，原因何在？

____

阻碍你改变的恐惧是什么？

____

你是否尝试过改变但结果却失败了呢？你当时是怎么解决这个问题的？

____

g.

	我是什么样的人	我想成为什么样的人
得分	8、9、10	0、1、2、3、4、5、6、7

你办事很有效率，可是不善于表达情感，外表显得坚毅或冷酷。由于你有很强的直觉决断力，因此你很少会被困难打败，而且你是一个随机应变、自力更生、不怕吃苦的人。尽管如此，你还是考虑感受多一些。你认为关注他人和恰当地表达自己的感受是有好处的。

请回答以下问题：

你为什么不喜欢现在的自己？

____

阻碍你改变的恐惧是什么？

____

最糟糕的结果会是什么？你会怎么解决这个问题？

____

3. 独立性

a.

	我是什么样的人	我想成为什么样的人
得分	0、1、2、3	0、1、2、3

你是一个乐于参与和合作的人。你始终保持与他人的联系，因为你非常渴望成为群体中的一分子。如果可以，那么你并不希望改变太多，但即使是一点点的变化也可能意义非凡——为什么你希望自己或多或少地能够变得更加合群呢？

请回答以下问题：

你是否尝试过与别人减少互动？如果没有，为什么呢？

____

阻碍你改变的恐惧是什么？

____

你是否试过让自己变得更加独立但结果却失败了呢？为什么？

____

b.

	我是什么样的人	我想成为什么样的人
得分	0、1、2、3	4、5、6、7、8、9、10

你是一个乐于参与和合作的人。你始终保持与他人的联系，并喜欢成为群体中的一分子。不过，当你和别人在一起时，你的内心却渴望有更多的时间独处。在某些情况下，你渴求自己变得更加独立自主。

请回答以下问题：

为什么你会更喜欢独立的自己？

____

阻碍你改变的恐惧是什么？

____

最糟糕的结果会是什么？你会怎么解决这个问题？

____

c.

	我是什么样的人	我想成为什么样的人
得分	4、5、6、7	0、1、2、3

尽管你喜欢有人做伴，但是你也能够胜任需要独立完成的工作。你既能坚持不懈地追求自己的爱好，也能与他人一起分享。你渴望提高自己的参与性，让自己变得更合群。

回答以下问题：

为什么你希望自己变得更合群？

____

阻碍你改变的恐惧是什么？

____

最糟糕的结果会是什么？你会怎么解决这个问题？

____

d.

	我是什么样的人	我想成为什么样的人
得分	4、5、6、7	4、5、6、7

尽管你喜欢有人作伴，但是你也能够胜任需要独立完成的工作。你既能坚持不懈地追求自己的爱好，也能与他人一起分享。

即使两个测试的结果只相差一分，也要问问自己这到底意味着什么。你能改掉哪些行为，哪怕是一点点的改变？

请回答以下问题：

你是否尝试过主动与人打交道？你有什么感受？

____

阻碍你改变的恐惧是什么？

____

你是否尝试过主动与人打交道却失败了呢？你当时是怎么解决这个问题的？

____

e.

	我是什么样的人	我想成为什么样的人
得分	4、5、6、7	8、9、10

尽管你喜欢有人做伴，但是你也能够胜任需要独立完成的工作。你既能坚持不懈地追求自己的爱好，也能与他人一起分享。你希望自己变得更加内敛和从容。

请回答以下问题：

为什么你不喜欢现在的自己？

____

阻碍你改变的恐惧是什么？

____

最糟糕的结果会是什么？你会怎么解决这个问题？

---

f.

	我是什么样的人	我想成为什么样的人
得分	8、9、10	8、9、10

你倾向于沉默寡言、严肃认真。有时候你给人一副很腼腆、不耐烦或疏远的样子。总而言之，你是一个镇定自若、矜持寡言的人。如果可以，你不愿意做出太大改变。即使两个测试的结果只相差一分，也要问问自己这到底意味着什么。你能改掉哪些行为，哪怕只是一点点的改变？

请回答以下问题：

你是否尝试过多跟别人交往？如果没有，原因何在？

阻碍你改变的恐惧是什么？

当你感觉自己独立的时候，你有何感受？

---

g.

	我是什么样的人	我想成为什么样的人
得分	8、9、10	0、1、2、3、4、5、6、7

你倾向于沉默寡言、严肃认真。有时候，你呈现出一副很腼

腆、不耐烦或疏远的样子。总而言之，你是一个镇定自若、矜持寡言的人，但是你希望自己变得更开朗、合群。

请回答以下问题：

为什么你不喜欢现在的自己？

____

阻碍你改变的恐惧是什么？

____

当你感觉自己独立的时候，你有何感受？

____

最糟糕的结果会是什么？你会怎么解决这个问题？

____

4. 控制性

a.

	我是什么样的人	我想成为什么样的人
得分	0、1、2、3	0、1、2、3

你举止温和，有时候你显得沉默寡言、毕恭毕敬。你小心翼翼地表达自己，静静地观望事态的发展和别人对你的期望。你也许缺乏自信或只是想要用自己的方式行事。不过，即使两个测试的结果略有不同，也要问问自己这到底意味着什么。你能改掉哪些行为，哪怕只是一点点的改变？

请回答以下问题：

你是否想过要变得更加强势？如果没有，原因何在？

____

阻碍你改变的恐惧是什么？

____

你曾经试过让自己做主但失败了吗？你会怎么解决这个问题？

____

b.

	我是什么样的人	我想成为什么样的人
得分	0、1、2、3	4、5、6、7、8、9、10

你举止温和，有时候你显得沉默寡言、毕恭毕敬。你小心翼翼地表达自己。你宁愿静观其变也不愿承担责任。但是从这一点来说，你很果敢，有领导力并且坚持自己的主张。

请回答以下问题：

为什么你不喜欢现在的自己？

____

阻碍你改变的恐惧是什么？

____

最糟糕的结果会是什么？你会怎么解决这个问题？

____

c.

	我是什么样的人	我想成为什么样的人
得分	4、5、6、7	0、1、2、3

你倾向于鼓励别人，而不是支配别人。你乐于合作，而不喜欢发号施令。你愿意和别人分享你的决定，但是你认为自己过于自信，你希望自己更加小心谨慎，或者希望让别人做主。

请回答以下问题：

为什么你不喜欢现在的自己？

____

阻碍你改变的恐惧是什么？

____

最糟糕的结果会是什么？你会怎么解决这个问题？

____

d.

	我是什么样的人	我想成为什么样的人
得分	4、5、6、7	4、5、6、7

你倾向于鼓励别人，而不是支配别人。你乐于合作，而不喜欢发号施令。你愿意和别人分享你的决定。即使两个测试的结果略有不同，也要问问自己这到底意味着什么。你能改掉哪些行为，哪怕只是一点点的改变？

请回答以下问题：

你是否想过要变得多少有点强势呢？如果没有，原因何在？

如果你的行为转变了，你认为别人会怎样想呢？

你曾经试过让自己做主但失败了吗？你会怎么解决这个问题？

---

e.

	我是什么样的人	我想成为什么样的人
得分	4、5、6、7	8、9、10

你倾向于鼓励别人，而不是支配别人。你乐于合作，而不喜欢发号施令。你愿意和别人分享你的决定。不过，你希望自己变得更具有领导风范。

请回答以下问题：

为什么你不喜欢现在的自己？

阻碍你改变的恐惧是什么？

如果你的行为转变了，你认为别人会怎样想呢？

---

f.

	我是什么样的人	我想成为什么样的人
得分	8、9、10	8、9、10

你常常扮演着竞争者的领导角色。你通常很会说服别人，并且享受控制一切的感觉，但是武断且没有耐心。即使两个测试的结果略有不同，也要问问自己这到底意味着什么。

请回答以下问题：

你是否想过要变得多少有点强势呢？如果没有，为什么呢？

____

阻碍你改变的恐惧是什么？

____

你曾经试过让自己做主但失败了吗？你会怎么解决这个问题？

____

g.

	我是什么样的人	我想成为什么样的人
得分	8、9、10	0、1、2、3、4、5、6、7

你很有竞争意识，并且很主动。你通常很会说服别人，但是武断且没有耐心。不过，你希望自己不那么急躁好斗，而是乐于分享。你倾向于通过讲道理来让别人心悦诚服。

请回答以下问题：

为什么你不喜欢现在的自己？

____

阻碍你改变的恐惧是什么？

____

最糟糕的结果会是什么？你会怎么解决这个问题？

____

5. 积极性

a.

	我是什么样的人	我想成为什么样的人
得分	0、1、2、3	0、1、2、3

你很难坚持长时间做同一件事。你缺乏决心。你通常不肯付出努力，而是喜欢抄近路、走捷径。即使两个测试的结果只有一分之差，也要问问自己这到底意味着什么。例如，虽然你不想改变太多，但是为什么测试结果会显示出你想朝着某一个方向而不是另一个方向做出改变呢？

请回答以下问题：

你是否想过要变得多少有点积极呢？如果没有，为什么呢？

____

阻碍你改变的恐惧是什么？

____

你曾经试过主动但失败了吗？你会怎么解决这个问题？

____

b.

	我是什么样的人	我想成为什么样的人
得分	0、1、2、3	4、5、6、7、8、9、10

你很难坚持长时间做同一件事。你缺乏决心。你通常不肯付出努力，而是喜欢抄近路、走捷径。你愿意花费更多的精力去做你擅长的事情。

请回答以下问题：

为什么你不喜欢现在的自己？

____

阻碍你改变的恐惧是什么？

____

最糟糕的结果会是什么？你会怎么解决这个问题？

____

c.

	我是什么样的人	我想成为什么样的人
得分	4、5、6、7	0、1、2、3

你做事情大多能保持精力充沛，并且能够做到知行合一。你野心勃勃，但会瞻前顾后。你喜欢更轻松的事情，投入更少的热情。你不能坚持长时间地做事，或不愿意把自己弄得疲惫不堪。

请回答以下问题：

做事不那么积极能带给你什么好处呢？

阻碍你改变的恐惧是什么？

最糟糕的结果会是什么？你会怎么解决这个问题？

---

d.

	我是什么样的人	我想成为什么样的人
得分	4、5、6、7	4、5、6、7

你做事情大多能保持精力充沛，并且能够做到知行合一。你野心勃勃，但会瞻前顾后。即使两个测试的结果只有一分之差，也要问问自己这到底意味着什么。例如，虽然你不想改变太多，但是为什么测试结果会显示出你想朝着某一个方向而不是另一个方向做出改变呢？

请回答以下问题：

你是否想过要变得积极一些呢？如果没有，是什么阻碍了你去尝试呢？

阻碍你改变的恐惧是什么？

你曾经试过主动但失败了吗？你经历了什么事情？

______

e.

	我是什么样的人	我想成为什么样的人
得分	4、5、6、7	8、9、10

你做事情大多能保持精力充沛，并且能够做到知行合一。你野心勃勃，但会瞻前顾后。你渴望促成很多事情发生。你认为少点耐心，多点自信，你能做得更好。

请回答以下问题：

为什么你不喜欢现在的自己？

______

阻碍你改变的恐惧是什么？

______

最糟糕的结果会是什么？你会怎么解决这个问题？

______

f.

	我是什么样的人	我想成为什么样的人
得分	8、9、10	8、9、10

你做事急于求成。你从不宽容别人，顽固不化，一意孤行，而且急躁好斗。即使两个测试的结果只有一分之差，也要问问自己这到底意味着什么。例如，虽然你不想改变太多，但是为什么

测试结果会显示出你想朝着某一个方向而不是另一个方向做出改变呢?

请回答以下问题:

你是否尝试过或多或少地激励自己或者别人呢?

____

阻碍你改变的恐惧是什么?你担心改变之后自己会失败吗?

____

你曾经试过放手但失败了吗?你当时如何解决问题?

____

g.

	我是什么样的人	我想成为什么样的人
得分	8、9、10	0、1、2、3、4、5、6、7

你做事急于求成。你从不宽容别人,顽固不化,一意孤行,而且急躁好斗。你想要放慢脚步,变得更加宽容与平和,而且在做事之前能更加深思熟虑。

请回答以下问题:

为什么你不喜欢现在的自己?

____

阻碍你改变的恐惧是什么?

____

最糟糕的结果会是什么？你会怎么解决这个问题？

____

6. 创造性

a.

	我是什么样的人	我想成为什么样的人
得分	0、1、2、3	0、1、2、3

你会以事实为依据去思考问题，看重真实可靠的经验。你遵循传统惯例，对正确的事物持现实的态度。你做事直截了当。即使两个测试的结果只有一分之差，也要问问自己这到底意味着什么。例如，虽然你不想改变太多，但是为什么测试结果会显示出你想朝着某一个方向而不是另一个方向做出改变呢？

请回答以下问题：

你是否尝试过变得更有创造性呢？如果没有，为什么？

____

阻碍你改变的恐惧是什么？

____

你曾经试过创新但失败了吗？你当时如何解决问题？

____

b.

	我是什么样的人	我想成为什么样的人
得分	0、1、2、3	4、5、6、7、8、9、10

你会以事实为依据去思考问题，看重真实可靠的经验。你遵循传统惯例，对正确的事物持现实的态度。你做事直截了当。你希望自己能更快地接受新事物，或产生一些新想法。

请回答以下问题：

为什么你不喜欢现在的自己？

____

阻碍你改变的恐惧是什么？

____

最糟糕的结果会是什么？你会怎么解决这个问题？

____

c.

	我是什么样的人	我想成为什么样的人
得分	4、5、6、7	0、1、2、3

你喜欢变化，但不是自然而然发生的变化。你会运用奇思妙想，但是不会自己去创造。你极具洞察力，但不善于挖掘事物的深度。你会以事实为依据去思考问题，看重真实可靠的经验。你遵循传统惯例，对正确的事物持现实的态度。你做事直截了当。

请回答以下问题：

为什么你不喜欢现在的自己？

____

阻碍你改变的恐惧是什么？

____

最糟糕的结果会是什么？你会怎么解决这个问题？

____

d.

	我是什么样的人	我想成为什么样的人
得分	4、5、6、7	4、5、6、7

你喜欢变化，但不是自然而然发生的变化。你会运用奇思妙想，但是不会自己去创造。你极具洞察力，但不善于挖掘事物的深度。即使两个测试的结果只有一分之差，也要问问自己这到底意味着什么。例如，虽然你不想改变太多，但是为什么测试结果会显示出你想朝着某一个方向而不是另一个方向做出改变呢？

请回答以下问题：

你是否尝试过变得更有创造性呢？如果没有，为什么？

____

阻碍你改变的恐惧是什么？

____

你曾经尝试过于创新或不够创新吗？你认为保持中庸更有安全感吗？

____

e.

	我是什么样的人	我想成为什么样的人
得分	4、5、6、7	8、9、10

你喜欢变化，但不是自然而然发生的变化。你会运用奇思妙想，但是不会自己去创造。你极具洞察力，但不善于挖掘事物的深度。你渴望更善于表达，使自己更具有创造力和批判性思维，并且有机会表达自己的观点。

请回答以下问题：

为什么你不喜欢现在的自己？

____

阻碍你改变的恐惧是什么？

____

最糟糕的结果会是什么？你会怎么解决这个问题？

____

f.

	我是什么样的人	我想成为什么样的人
得分	8、9、10	8、9、10

你不仅善于表达自己的思想，而且兴趣广泛。你除了复杂，还固执己见。你具有批判和怀疑精神，看重思想，同时也有自己的想法。即使两个测试的结果只有一分之差，也要问问自己这到

底意味着什么。例如，虽然你不想改变太多，但是为什么测试结果会显示出你想朝着某一方向而不是另一个方向做出改变呢？

请回答以下问题：

如果你变得更加保守，你会失去什么呢？

____

阻碍你改变的恐惧是什么？

____

你是否尝试过变得更加保守呢？为什么你不喜欢自己变成那样？

____

g.

	我是什么样的人	我想成为什么样的人
得分	8、9、10	0、1、2、3、4、5、6、7

你不仅善于表达自己的思想，而且兴趣广泛。你除了复杂，还固执己见。你具有批判和怀疑精神，看重思想，同时也有自己的想法。你希望自己变得更坦率、务实，少一点失控，多一点稳重。

请回答以下问题：

为什么你不喜欢现在的自己？

____

阻碍你改变的恐惧是什么？

______

最糟糕的结果会是什么？你会怎么解决这个问题？

______

行动计划

查看你的分析结果：

我对自己诚实吗？

______

我经常找什么借口？

______

我把自己变成受害者了吗？

______

当我指责别人的时候，我自己是否也在犯同样的错误？

______

我头脑中惯有的思维是什么？

______

我最想做什么事情？

______

我需要从了解我的人那里获得反馈吗？他是谁？什么时候获得反馈？

______

获取反馈

为什么要了解别人对你的看法呢？这样做的意义在于挑战你的观念，因为人们看待你的方式和你看待自己的方式截然不同。我们在这里不讨论谁对谁错的问题，但是我们需要思考，为什么你和别人会出现不同的感知呢？你可能没有欺骗自己，或许别人并不真正了解你。

然而，感知的差异极易产生误解。例如，你认为自己不是一个暴躁好斗的人，别人却认为你就是这样的人，所以他们嘴上不说什么，却对你表现出一副“你说什么是什么”的样子。别人的反应让你误以为他们喜欢你的性格，而事实上别人只是不想惹上麻烦。于是，你指责别人让你“随心所欲做任何事情”，可别人以为这恰恰是你想要的！

反馈问卷

询问你身边的某一个重要他人[①]：在他眼里，你是什么样的人？最好由他来完成这份问卷，这可能比你自己填写“想成为什么样的人”要困难得多，但如果对方愿意，你也可以同样帮他完成这份反馈问卷。

一旦你获知别人对你的看法，就可以拿他们的观点与你的

① 这是一个在心理学和社会学领域中都备受关注的概念，指的是在个体社会化及人格形成的过程中具有重要影响的具体人物。——译者注

自我认知做比较。如果你想改变自己，这将有助于你了解自己对变化究竟有哪些恐惧。反思通常能让你洞悉自己可以做出哪些改变，以及如何消除阻碍。你会发现你比想象中的更有潜能去改变自我。

我认为他是什么样的人：________________。

在填写过程中，请你如实回答你如何看待他这个人。确切地说，请你描述他此时在生活中是什么样的人，而不是描述你想象中他的样子或是你希望他变成的样子。务必认真、仔细地审视他这个人。记住，诚实是首要原则，即使你对他有不太满意的地方，甚至是希望他能与众不同。你无须证明自己的看法是否正确，也不必为自己的观点而道歉。你回答得越诚实，你的看法就越清晰，对方就能从你的反馈中受益越多。

你需要在问卷中的每一项陈述后面选择同意或不同意。再次强调，请你按照他真实的样子，而不是按照你希望他变成的样子来作答。仔细回想他平时的所思、所行、所感。下面举一个例子：

	他是什么样的人					
	同意					不同意
	1	2	3	4	5	6
聪明而体贴	○	○	○	○	○	○

表 1－9 可以帮助你记录你真实的看法。你只需要在描述后面的圆圈里打“√”或“×”。圆圈上方的数字依次表示：

1. 完全同意；

2. 同意；

3. 基本同意；

4. 基本不同意；

5. 不同意；

6. 完全不同意。

请在以下每个描述的六个选项中，选择最符合你的看法的。

表1-9　　问卷：他是什么样的人

	他是什么样的人					
	同意					不同意
	1	2	3	4	5	6
1. 喜欢碰运气	○	○	○	○	○	○
2. 为他人担忧	○	○	○	○	○	○
3. 享受独处	○	○	○	○	○	○
4. 与说话相比，更喜欢倾心聆听	○	○	○	○	○	○
5. 极少感到疲倦	○	○	○	○	○	○
6. 有独到的见解	○	○	○	○	○	○
7. 面对变化，小心谨慎	○	○	○	○	○	○
8. 感情用事	○	○	○	○	○	○
9. 合群	○	○	○	○	○	○
10. 喜欢掌控一切	○	○	○	○	○	○
11. 有时候感觉脆弱	○	○	○	○	○	○
12. 不相信自己的想象力	○	○	○	○	○	○
13. 容易分心	○	○	○	○	○	○
14. 遭到批评时会伤心	○	○	○	○	○	○
15. 在社交场合感到无聊	○	○	○	○	○	○

续前表

	他是什么样的人 同意 不同意 1	2	3	4	5	6
16. 不爱争论	○	○	○	○	○	○
17. 比大多数人精力充沛	○	○	○	○	○	○
18. 足智多谋	○	○	○	○	○	○
19. 小心谨慎	○	○	○	○	○	○
20. 做事坚决果断	○	○	○	○	○	○
21. 有亲和力	○	○	○	○	○	○
22. 经常指挥别人	○	○	○	○	○	○
23. 偶尔需要休息一下	○	○	○	○	○	○
24. 思想传统	○	○	○	○	○	○
25. 对例行公事感到厌烦	○	○	○	○	○	○
26. 对别人的批评敏感	○	○	○	○	○	○
27. 只有在不得已的情况下才参与社交活动	○	○	○	○	○	○
28. 接受别人的决定	○	○	○	○	○	○
29. 高度活跃	○	○	○	○	○	○
30. 发明过某样东西	○	○	○	○	○	○
31. 讨厌不确定	○	○	○	○	○	○
32. 坚持实事求是	○	○	○	○	○	○
33. 呼朋引伴	○	○	○	○	○	○
34. 影响他人	○	○	○	○	○	○
35. 总是手足无措	○	○	○	○	○	○
36. 对新观念持谨慎态度	○	○	○	○	○	○
37. 喜欢冒险	○	○	○	○	○	○
38. 属于“心软”的类型	○	○	○	○	○	○
39. 独来独往	○	○	○	○	○	○
40. 顺从	○	○	○	○	○	○

续前表

	他是什么样的人 同意　　　　不同意					
	1	2	3	4	5	6
41. 总是忙个不停	○	○	○	○	○	○
42. 改进工作方式	○	○	○	○	○	○
43. 妥善地完成任务	○	○	○	○	○	○
44. 意志坚定	○	○	○	○	○	○
45. 通常结伴而行	○	○	○	○	○	○
46. 喜欢下命令	○	○	○	○	○	○
47. 意志薄弱	○	○	○	○	○	○
48. 传统思想观念根深蒂固	○	○	○	○	○	○
49. 善变	○	○	○	○	○	○
50. 避免让别人心烦	○	○	○	○	○	○
51. 单独行动时效率最高	○	○	○	○	○	○
52. 常常犹豫不决	○	○	○	○	○	○
53. 利用闲暇时间工作	○	○	○	○	○	○
54. 灵感如泉涌	○	○	○	○	○	○
55. 喜欢让事情保持原状	○	○	○	○	○	○
56. 与别人交往，态度坚定	○	○	○	○	○	○
57. 尝试去了解别人	○	○	○	○	○	○
58. 喜欢控制别人	○	○	○	○	○	○
59. 常常想要放弃	○	○	○	○	○	○
60. 害怕改变	○	○	○	○	○	○

问卷的计分方式与前面测试的计分一样。

请把表 1 - 9 中的总分转化到下方六因素人格表（见表 1 - 10）中去，以呈现你在别人眼中是什么样的。首先在别人给你的评分

（即“他是什么样的人”）上面打“√”，然后把这些分数连成折线。同样地，你在“我是什么样的人”测试得分处用“×”标记，在“我想成为什么样的人”测试得分处用“○”标记，再分别将它们连成折线。

表 1-10　　六因素人格表

维度	得分											
随意性	谨慎											冲动
	0	1	2	3	4	5	–	6	7	8	9	10
坚韧性	软弱											坚毅
	0	1	2	3	4	5	–	6	7	8	9	10
独立性	乐群											独处
	0	1	2	3	4	5	–	6	7	8	9	10
控制性	顺从											权威
	0	1	2	3	4	5	–	6	7	8	9	10
积极性	被动											主动
	0	1	2	3	4	5	–	6	7	8	9	10
创造性	守旧											创新
	0	1	2	3	4	5	–	6	7	8	9	10

练习过程中，你可能会产生类似的疑问：

别人眼中的你和你心目中的自己一样吗？

____

为什么别人对你的看法与你对自己的看法有这么大的差别？

____

它对你的人际交往有何启示？

____

别人能否接受你按照自己的方式改变自我?

____

别人认为你低估了自己的潜能吗?

____

做完这个练习，你的人际关系发生了哪些变化?

____

你现在打算采取哪些行动?

____

什么时候可以完成目标?

____

你可以根据前面完成的行动计划，以及别人给予你的反馈做出改进，建议你这样做:

- 放手去做，去改变你想改变的一切;
- 求助职业规划师或咨询师，和他们讨论你的测试结果，让他们帮助你改变自己;
- 记录你的行动计划然后付诸实践。当你在完成第 3 章中的生活平衡测试后，把你的行动计划一同考虑进去。

第2章 你想从事什么职业

什么样的工作能调动你的积极性？你的行为又是如何影响你的工作的？阅读本章后，你将会找到答案。你可以从职业发展规划和职业问卷中得到详细的解答。测试结果不仅能够分析出你在各行各业中可能遇到的冲突，还能帮助你寻求上升空间，随时进行自我监督和调整。

职业发展规划

职业发展规划（Career Development Profile, CDP）能帮助你找到理想职业、转变职业，还能让你从现在的工作中获得满满的成就感。

指导语

在填写问卷的过程中，请你思考你现在或将来从事的工作。每道题目会询问你对各类工作的感受，还有你对工作中重要行为活动的看法。这些题目不是要考察你的工作水平，例如，你究竟适不适合某个专业岗位或管理角色，而是让你了解哪种工作更适合你。

答案并无对错之分。正如世界上没有完全相同的两片树叶，也没有完全相同的两个人，你只需要按照自己的真实想法回答即可。

如下面给出的例题，每一道题目都给出了两种描述和对应的关键词，你必须在两种描述中选择一个你认为与关键词最为匹配的选项。例如：

成功的

募捐以资助慈善事业	G
创办一个青年团体	M

请你选择两种描述中与关键词“成功的”最为贴近的选项，然后在后面对应的G或M下面画横线。在回答时，你不必考虑字母G或M到底是什么意思，稍后我们会做出解释。记住，必须从两者中选择一个最佳匹配的选项。

在上述的例子中，选项M下面被画上了横线。因此，对答题的人来说，“创办一个青年团体”（M）就是“成功的”，而其他人也许觉得“募捐以资助慈善事业”（G）才是“成功的”。

第一部分：成功的

在这一部分的问卷中，你必须思考一个关键词——“成功”。人们通常认为的成功就是生活幸福、实现梦想，成为别人眼中的成功人士。

在回答每一个问题时，你都要仔细考虑“成功”这个关键词，并从两种描述中选择哪一个是你认为“成功的”。也就是说，你认为哪种描述更符合你对“成功”的期望？请你在你认为与“成功”这个词是最佳匹配的选项下面画横线。答案没有对错之分，不要带着批判的眼光去做选择，请你按照自己真实的想法回答。

不必担心自己能否胜任下面提到的某种工作，你只需要在两种描述中选择一个与“成功”最为匹配的描述即可。

成功的

1. a.	助理研究员	O
b.	乐器独奏或是在交响乐团演奏	I
2. a.	制作或修理实木家具	P
b.	研究艺术作品或古岩石的起源	O
3. a.	在店铺或通过其他渠道售卖有趣的商品	E
b.	使用机械或者手工收割庄稼	P
4. a.	不假思索地说出答案	BB
b.	经过深思熟虑再说出答案	CM
5. a.	总是喜欢和别人聊天	BB
b.	离群索居	GI
6. a.	积极参与事情进展	BB
b.	听从大多数人的意见或服从上级决定	PA
7. a.	一对一私人教学或小组教学	S
b.	研究原子粒子	O

8.	a.	拍电影或制作戏剧背景	I
	b.	代表投资人与客户谈生意	E
9.	a.	为青年人安排社交活动	S
	b.	向新客户展示新产品的使用	E
10.	a.	总是能接受新的和困难的挑战	BB
	b.	有能力从事冷门工作	CM
11.	a.	企业的法律或金融顾问	A
	b.	迁移土壤和植被，美化环境	P
12.	a.	研究财务记账或提出会计事务方面的意见	A
	b.	帮扶贫困家庭	S
13.	a.	从事细菌研究	O
	b.	代表某一立场的政治家	E
14.	a.	运用数学知识解决科学、工程等其他难题	O
	b.	确保公司经营合法，财务合规	A
15.	a.	设计或演示技术产品	I
	b.	评估房产、物品或牲畜的价值	A
16.	a.	为一家大型酒店做资源的统筹规划	E
	b.	驾驶客车或货车	P
17.	a.	对机动车辆进行专业检测	P
	b.	帮助别人克服言语障碍或改善言语缺陷	S
18.	a.	从事水下巡视和修复工作的潜水员	P
	b.	在生意中负责支付资金和保管账目	A

19. a. 负责广告宣传活动 E
    b. 收集和编订索引信息 A
20. a. 消防员或消防安全员 P
    b. 广告文案策划 I
21. a. 打造、装配和组装工具、仪表和设备用的金属零件 P
    b. 提供计算机技术咨询服务 O
22. a. 独唱演员或声乐团的表演者 I
    b. 修复贵重金属 P
23. a. 向银行贷款创业 E
    b. 负责招聘工作 S
24. a. 负责员工福利的相关工作 S
    b. 获取物品或材料供应的成本报价 A
25. a. 负责一家儿童之家的运营 S
    b. 动物看护 P
26. a. 让更有魄力的人做决定 PA
    b. 别人总是依赖你来为他们做决定 BB
27. a. 照顾或教育婴儿 S
    b. 收集有关活期利息的信息 I
28. a. 钻研和治疗疑难杂症 O
    b. 分析工作方法以提高效率 A
29. a. 创作绘画、设计和视觉艺术作品 I
    b. 提供经济事务咨询服务 A

30. a. 多渠道采购商品，再通过商店转销 E
    b. 维持日常资金账户的平衡 A
31. a. 避免不必要的冒险 CM
    b. 为追求更大的利益敢于冒险 BB
32. a. 结识许多新朋友 BB
    b. 只接触认识的人 GI
33. a. 认为别人的观点跟你的观点同等重要 PA
    b. 说服别人接纳你的观点 BB
34. a. 帮助别人找到工作 S
    b. 参与戏剧表演 I
35. a. 从事计算机编程 O
    b. 担任竞技运动项目的领队 E
36. a. 旅游领队 E
    b. 为书刊拍摄照片 I
37. a. 独自工作或者只同一两个人工作 GI
    b. 与大的团队一起工作 BB
38. a. 行动缓慢以避免工作出错 CM
    b. 为完成更多任务而快速行动，即使犯错也在所不惜 BB
39. a. 能够与别人商讨问题 BB
    b. 别人期望你能独自解决问题 GI
40. a. 在托儿所、家庭或医院里照顾孩子 S
    b. 研究人类和动物的心理过程 O

41. a. 分析化学制品 O
    b. 写书或者写文章 I
42. a. 在艰难抉择面前义不容辞 BB
    b. 与别人一起做决策 PA

第二部分：满意的

本问卷中的题目同样会询问你一些问题，但是你需要考虑的关键词换成了“满意的”。

对很多人来说，“满意的”这个词的含义与“成功的”是有区别的。“满意的”一般被认为：心满意足的、发自内心地接纳、实现了个人梦想和知足常乐。请你静下心来想一想，你认为什么是“满意的”呢？

同样地，在你作答时，请思考“满意的”这个关键词。每道题包含两种描述，请你选择与关键词最为匹配的描述，然后对应的字母下画横线。你也可以将你的答案写在答题纸上。

不必在每一道题上面停留太长时间，也不必强迫自己去思考应该怎么做。当然，你更不必担心自己能否胜任描述中的某个职位或者角色。当一切准备就绪时，请你一边思考“满意的”含义，一边答题。

满意的

43. a. 研究心理和行为 O

b. 乐器独奏或是在交响乐团演奏 I

44. a. 修复贵重金属 P

b. 提供计算机技术咨询服务 O

45. a. 代表投资人与客户谈生意 E

b. 使用机械或者手工收割庄稼 P

46. a. 久居一地 CM

b. 四处旅行 BB

47. a. 经常结伴而行 BB

b. 喜欢独处 GI

48. a. 与别人相互尊重，互不控制 PA

b. 喜欢控制别人 BB

49. a. 帮助别人克服言语障碍或改善言语缺陷 S

b. 从事计算机编程工作 O

50. a. 拍电影或制作戏剧背景 I

b. 在店铺或通过其他渠道售卖有趣的商品 E

51. a. 为青年人安排社交活动 S

b. 为一家大型酒店做资源的统筹规划 E

52. a. 重复练习以达到精益求精 CM

b. 避免同一件事情做两遍 BB

53. a. 提供财务会计方面工作的咨询服务 A

b. 驾驶客车或货车 P

54. a. 负责一家儿童之家的运营 S

b. 为经济事务提供咨询 A

55. a. 分析化学制品 O

b. 代表某一立场的政治家 E

56. a. 运用数学知识解决科学、工程等其他难题 O

b. 获取物品或材料供应的成本报价 A

57. a. 广告文案策划 I

b. 评估房产、物品或牲畜的价值 A

58. a. 向银行贷款创业 E

b. 迁移土壤和植被，美化环境 P

59. a. 动物看护 P

b. 帮扶贫困家庭 S

60. a. 从事水下巡视和修复工作的潜水员 P

b. 企业的法律或金融顾问 A

61. a. 担任竞技运动项目的领队 E

b. 确保公司经营合法，财务合规 A

62. a. 消防员或消防安全员 P

b. 技术产品设计员或演示专员 I

63. a. 制作或修理实木家具 P

b. 钻研和治疗疑难杂症 O

64. a. 独唱演员或声乐团的表演者 I

b. 打造、装配和组装工具、仪表和设备用的金属零件 P

65. a. 向新客户展示新产品的使用 E
b. 在托儿所、家庭或医院里照顾婴儿 S
66. a. 帮助学生群体就业 S
b. 收集和编订索引信息 A
67. a. 负责员工福利的相关工作 S
b. 对机动车辆进行专业检修 P
68. a. 与别人分享权力 PA
b. 比别人获得更多的权力 BB
69. a. 一对一私人教学或小组教学 S
b. 收集有关活期利息的信息 I
70. a. 研究艺术作品或古岩石的起源 O
b. 分析工作方法以提高效率 A
71. a. 创作绘画、设计和视觉艺术作品 I
b. 维持日常资金账户的平衡 A
72. a. 负责广告宣传活动 E
b. 在生意中负责支付资金和保管账目 A
73. a. 走一步算一步 BB
b. 三思而后行 CM
74. a. 与周围的伙伴合作 BB
b. 大多数时候独自工作 GI
75. a. 喜欢发号施令 BB
b. 认为别人的观点跟你的观点同等重要 PA

76. a. 负责招聘工作 S
    b. 为书刊拍摄照片 I
77. a. 助理研究员 O
    b. 多渠道采购商品，再通过商店转销 E
78. a. 旅游领队 E
    b. 参与戏剧表演 I
79. a. 通常独自工作，我行我素 GI
    b. 是工作团队、项目团队或小组中的一分子 BB
80. a. 物尽其用，避免浪费 CM
    b. 敢于冒险，独辟蹊径 BB
81. a. 总是被接纳为团队中的一员 BB
    b. 偶尔被接纳为团队的一员 GI
82. a. 照顾或教育婴儿 S
    b. 研究原子粒子 O
83. a. 研究细菌 O
    b. 写书、写戏剧、写诗歌或写散文 I
84. a. 听从命令 PA
    b. 喜欢对别人发号施令 BB

计数

在第一部分里面，请你计算自己画横线的选项中包含有多少个“I”。表2-1中，第一行表示关键词“成功的”，第一列是字母“I”，请在两者交叉的方格中填入“I”的数目。以此类推，在后面的方格中填入对应字母的数量。表格中的第二行表示关键词“满意的”，请你根据自己在第二部分里面的选项计算对应字母的数量。

表 2-1　　职业发展规划计分表

	I	O	E	A	P	S	CM	GI	PA
成功的									
满意的									
总数									

结果量表

结合职业动机表（见表 2-2），结果就很容易解释了。在各项兴趣因素中，以 0 为起点，先后与对应的“成功的”分数（用“×”标记）和“满意的”分数（用“○”标记）连线。这样，你的总分就被分为两部分。

表 2-2　　职业动机表

	缩写	含义	数量
兴趣因素	I	直觉型（Intuitive）	0 1 2 3 4 5 6 7 8 9 10 11 12 13 14 15 16 17 18 19 20
	O	客观型（Objective）	0 1 2 3 4 5 6 7 8 9 10 11 12 13 14 15 16 17 18 19 20

续前表

	缩写	含义	数量
兴趣因素	E	创业型（Enterprising）	0 1 2 3 4 5 6 7 8 9 10 11 12 13 14 15 16 17 18 19 20
	A	管理型（Administrative）	0 1 2 3 4 5 6 7 8 9 10 11 12 13 14 15 16 17 18 19 20
	P	务实型（Practical）	0 1 2 3 4 5 6 7 8 9 10 11 12 13 14 15 16 17 18 19 20
	S	社交型（Social）	0 1 2 3 4 5 6 7 8 9 10 11 12 13 14 15 16 17 18 19 20
行为因素	含义	变化型（Changing）　CM　守旧型（Maintaining）	
	数量	0 1 2 3 4 5 6 7 8	
	含义	乐群型（Group）　GI　独立型（Independent）	
	数量	0 1 2 3 4 5 6 7 8	
	含义	控制型（Power）　PA　顺从型（Accepting）	
	数量	0 1 2 3 4 5 6 7 8	

分析你的量表

表 2 - 2 中的兴趣因素能够反映出哪些类型的工作对你最有吸引力（或最没有吸引力）。右边高分项表示最吸引你的工作类型，而左边低分项则表示对你而言毫无吸引力的工作类型。

表 2 - 2 还能反映出你的行为模式。每个因素都包含两种极端的类型，你的行为倾向就处在两端之间的某个位置上。没有哪个位置代表“最佳”或“最理想”的类型，它只是表示你特有的为人处世态度，但你的行事风格同样也会影响哪些工作最适合你。

接下来的分析会给出几个例子，告诉你哪些工作可能对你最有吸引力。这些例子仅供你思考，因为我们不可能罗列出所有工作的清单。分析结果并不能告诉你具体应该怎么做，但是可以指导你的行动。

首先看看你的总分，确定哪些工作领域最吸引你。然后再留意与你喜欢的职业领域有关的备选项目，根据你的喜好，我们给出了排在第二、第三的职业类型。因为人们喜欢的工作通常都包含了不同类型的活动，并且大多数工作都涵盖不止一种类型的活动。

当你寻找自己喜欢的工作时，不妨问问自己这些问题：

- “我能胜任这份工作吗？”
- “我需要进一步获取什么资格吗？”
- “我有相应的工作经验吗？”
- “如果没有，我怎样才能获得工作经验？”

你还需要思考“满意”和“成功”两个维度的得分有何不同。通过分析量表结果，你就能了解自己目前在职业领域中面对哪些不确定性（见表 2 - 3）。一旦你深入了解自己最喜欢的职业，就能从职业词典或职业指导师那里获得更多的建议。

本章末尾附有职业发展规划的练习题，可帮助你进一步拓展自己的职业选择。

表 2-3　结果分析

因素类型	缩写	含义	解释
兴趣因素	I	直觉型	艺术创作或想象力表达的创意活动
	O	客观型	主要研究科学和逻辑的活动
	E	创业型	谋求商业盈利和发展的活动
	A	管理型	处理组织信息（包括财务账户）的活动
	P	务实型	积极参与的户外活动或与具体物质对象打交道的活动
	S	社交型	与福利和培训有关的活动
行为因素	CM	变化或守旧	低分者追求充满变化和冒险的环境，沉迷于个人冒险，向往挑战；高分者强调维护现有规则，照章办事，不逾矩，不出格
	GI	乐群或独立	低分者倾向于乐群，但不一定具有外向的性格，也不一定是群体中的领导者，乐群者只是乐于和大家在一起；高分者很难融入集体生活，一方面是因为自己寡言少语的性格，另一方面则是因为不喜欢和他人有情感上的纠葛
	PA	控制或顺从	低分者享受权力带来的快感，喜欢在责任明晰、尊重权威的环境下工作；高分者更能忍受被别人控制的感觉，在人际交往中给予他人支持

以上维度的表述没有任何价值判断。每个维度的低分者和高分者截然相反，至于如何解释它们，取决于不同的情境及你如何做出选择。

你是更成功，还是更满意

每个因素都包含两个子分数，两个子分数相加后即为总分。你时常觉得自己受到外在压力的影响，而不能做自己真正想做的事，假如没有外在压力的影响，你会成为什么样的人呢？两个子分数能为你剖析“成功”与“满意”之间的矛盾之处。

人们经历的“外在压力”真真假假，因为各种缘由，冲突、矛盾在许多人的心中扎根，使得人们不能去做自己想做的事。因此，解决冲突的最佳办法就是了解这些冲突到底是什么。

工作偏好

根据得分结果，你能够找到自己最喜好的工作类型，请你选择下面某个契合你偏好的类型。

直觉型

你喜欢能够发挥想象力和创造力的工作，而且它还是一个可以充分表达想法的平台。你不必非要对文学或艺术感兴趣不可，当然，如果你喜欢文学和艺术也是可以的。直觉型的内涵是你享受创造新事物，或是喜欢用某种形式来表达自我。例如，销售代表在这一维度的得分通常比较高，因为他们享受工作给予他们发挥主观能动性的机会，这种自由让他们感到无比畅快。需要发挥主观能动性和创意的工作对智力或学业的要求通常都不太高。

直觉型的职业包括：

- 文字：
  - 辩护律师；
  - 事务律师；
  - 图书馆管理员；
  - 档案管理员；
  - 通讯员；
  - 新闻记者；
  - 采访记者；
  - 翻译；
  - 作家；
  - 评论家；
  - 编辑；
  - 文案策划；
  - 公共关系执行官；
  - 口译员。
- 艺术：
  - 建筑师；
  - 摄影师；
  - 设计师（室内设计、舞台设计、平面、时装）；
  - 艺术家；
  - 商业艺术家；

- 雕刻师；
- 景观设计师；
- 花艺师。

• 音乐和娱乐：
- 音乐教师；
- 乐器演奏家；
- （乐队为录音而雇用的）伴奏乐师；
- 编舞者；
- 演员；
- 歌手；
- 舞蹈家；
- 表演者；
- 模特；
- 舞台监督；
- 剧场技师。

客观型

一般来说，客观型的工作涉及做研究和分析，还要用到逻辑和推理的知识。客观型的工作适合求知若渴的人。属于这一类型的你很可能喜欢分析数据，享受与数据打交道，乐于从事研究型的工作。有许多职业并不是做科学研究，但同样需要具备客观性和研究性。

客观型工作包括：

- 科学：
  - 生物科学家；
  - 生物化学家；
  - 化学家；
  - 物理学家；
  - 数学家；
  - 法医；
  - 实验室技术员。
- 工程和技术类：
  - 冶金；
  - 材料；
  - 燃料；
  - 合成材料；
  - 纸张 / 木业；
  - 印刷；
  - 纺织品；
  - 食物；
  - 工程（机械、农业、汽车、化学、民用、房屋和建筑、电气和电子、产品、海洋、航空）。
- 科学应用：
  - 医学研究员；

- 医学物理学家；
- 信息科学家；
- 心理学家；
- 营养师；
- 放射科技师；
- 系统分析师；
- 专利工作者；
- 外科医生；
- 技术文档专员；
- 程序员；
- 进程描述编写员。

创业型

从事这一类型工作的人往往渴望追求物质财富，并热衷于管理方面的工作。属于这种类型的你很乐意充当组织者，替别人做决策。在这一维度上得分较高者倾向于自己创业，他们往往用金钱和地位来衡量成功。创业型的成功通常依赖于资格和个人素质（如才华和主动性）。渴望成功是这一类型的必备条件。

客观型的工作包括：

- 政治：
  - 政府人员；
  - 政治代表；

  - 慈善家。
- 运动：
  - 运动员；
  - 领队。
- 财产：
  - 房产经纪；
  - 谈判代表；
  - 拍卖师。
- 媒体：
  - 出版商；
  - 广告商；
  - 业务代表；
  - 电影制片人；
  - 舞台经理；
  - 旅行领队。
- 服务：
  - 事务律师；
  - 企业家；
  - 买手；
  - 商场经理；
  - 顾问；
  - 个体经营者；

- 经纪人;
- 销售员;
- 售货员。

管理型

从事管理领域的人对金融、办公行政方面的工作感兴趣，即向往创办公司或创业。这一类型的工作通常吸引做事井井有条的人，他们对商业、行政领域的兴趣比对科学研究更浓厚。行政工作从业者必须不断地提升个人技能和技术专长（如电脑操作能力）。然而，从事该领域工作最重要的技能是处理与金融、法律或商业工作相关的事务。

管理型的工作包括：

- 商业：
  - 公司律师;
  - 精算师;
  - 会计师（审计、税收、企业价值评估）;
  - 银行家;
  - 记账员;
  - 出纳员;
  - 保险员。
- 行政：
  - 特许秘书;

– 业务经理；

– 私人秘书；

– 库存管理经理；

– 档案管理员（医院、图书馆等）；

– 价值评估师；

– 规划人员；

– 住房管理人员。

• 管理服务：

– 经济学家；

– 系统分析师；

– 组织和方法分析师；

– 统计学家；

– 安全分析员；

– 市场调查员。

• 工业：

– 采购商；

– 批发商；

– 供应商；

– 经纪商；

– 运输商；

– 产品追踪检验员。

务实型

与待在办公室办公相比，务实型工作者更加渴望积极参与户外活动。他们往往喜欢和具体的事物打交道，积极地亲自处理待办事务。在“务实型”维度上获得高分者通常喜欢在身体上接触具体的物质，享受制作物品的过程。因此，他们对技术、工艺类活动比较感兴趣。即使你不喜欢动手制作，你也是很向往能够让你自由施展肢体，或是有机会接触加工或设备的工作环境。

务实型的工作包括：

- 安全：
  - 消防员；
  - 海岸警卫队；
  - 武装部队军人；
  - 潜水员；
  - 警察；
  - 救护人员；
  - 安全侦查员。
- 交通：
  - 水路服务人员；
  - 公路服务人员；
  - 铁路服务人员；
  - 司机；

– 商船队海员；

– 民用航空人员；

– 机修工。

• 手工：

– 动物工艺品制作师；

– 农艺师；

– 园艺师；

– 林业员；

– 渔民；

– 石匠；

– 雕刻师；

– 技术员；

– 工具修理工；

– 家具木工；

– 军械工人；

– 银匠；

– 乡村手工艺人；

– 建筑工人（如泥瓦匠、木匠 / 细木工人、铺地板工人、油漆工 / 装修工、玻璃安装工、粉刷工、水暖工、装修屋顶工人、搭建脚手架工人、墙面和地板贴砖工）；

– 石油开采业工作人员；

– 餐饮业工作人员。

• 服务：

– 批发商人；

– 销售员；

– 酒店服务员；

– 娱乐场所（如休闲中心、体育中心、俱乐部）服务员；

– 从事房地产相关工作的人员（如土地测量师、景观美化师）；

– 工程师；

– 修理和保养师。

社交型

在这一维度上得分较高意味着你乐于促成别人的幸福和成长。在公众服务行业中，你可能从事社会工作、教育、医疗，或是与福利有关的工作。而在工业和商业领域，你更倾向于培训和培养他人的工作。这一类型的工作不仅需要大量的培训，还需要天生具有与别人打交道和关心别人的能力。除此之外，个人的判断力和奉献精神往往也很重要。

社交型工作包括：

• 福利：

– 教师；

– 心理学家；

– 社会工作者；

- 护理人员（如老年护理员、精神病护理员、儿童护理员、区域巡回护士、工业护士）；
- 治疗师（言语治疗师、艺术治疗师、音乐治疗师、戏剧治疗师）；
- 保育员；
- 青年俱乐部领导人；
- 养老院护理员；
- 咨询师；
- 缓刑监督官；
- 职业指导师。

• 医疗：
  - 全科医生；
  - 牙科医生；
  - 眼科医生；
  - 整形外科医生；
  - 手足病医生；
  - 物理治疗师；
  - 整骨医生；
  听觉病矫治医师；
  - 牙科助理；
  - 护士；
  - 食疗调理师；

– 矫正体操治疗师；

– 职业治疗师。

• 服务：

– 餐饮业服务员；

– 服务员培训师；

– 秘书；

– 美发师；

– 导游；

– 零售管理人员；

– 医院管理人员；

– 接待人员；

– 医院与社会管理人员；

– 机构管理人员；

– 美容行业服务员；

– 人事工作人员；

– 销售员（通过媒体、电话、代理人和代理商渠道销售）。

两种工作偏好组合

如果你同时喜欢两种类型的工作，请看下面的例子。这两种类型的工作可能不一样，某个组合表示这两个职业领域对你最有吸引力。

直觉型与社交型的组合

这一工作偏好组合需要具备某种艺术的兴趣和才能，同时还要乐于关心他人。因此，这一组合的工作类型通常需要耐心，并能够处处把别人的感受放在第一位。从事这些工作的大多是兼职者或志愿者。

在工作中，艺术通常要让步于社交方面，这是因为艺术被当作一种帮助他人的途径，而不是纯粹为了艺术的表达。例如，教师在教导智障学生时，教师的一部分教学任务可能是绘画、编织、雕塑等内容。

与艺术相比，如果你更想通过文字和思想去帮助别人，可能就会喜欢向别人传递思想，帮助他们学习，或者使别人更加明白事理。在这一领域里，大多数工作都与教学有关，但是在某些领域的工作也可能与治疗有关。

直觉型与社交型组合的职业包括：

- 职业治疗师；
- 语言教师；
- 言语治疗师；
- 个别化技能训练师；
- 治疗师；
- 幼儿园教师；
- 采访人员；

- 人文学科教师；
- 培训主管；
- 艺术/音乐治疗师。

直觉型和创业型的组合

这一工作偏好组合常常充满着挑战性和多样性。你渴望成功，做事顺利。你不大喜欢循规蹈矩或是提供支持的活动，而更想争取自己做决定的机会。这一类型的工作通常需要“善于言辞”，并能够影响别人。你喜欢说服别人接受自己的思维方式。

直觉型和创业型组合的职业包括：

- 职业治疗师；
- 语言教师；
- 言语治疗师；
- 特殊技能训练师；
- 治疗师；
- 采访人员；
- 人文学科教师；
- 培训主管；
- 艺术/音乐治疗师。

直觉型和管理型的组合

事实上，如果工作仅仅依赖直觉或创意是很难谋生的，因为人们要么缺乏卓越的才华，要么缺乏机会。

这一类型的工作通常会给予别人帮助和支持，但你仍然可以结合这两种兴趣，在工作中扮演领导者的角色。例如，厨师必须要算清楚账目（毕竟，餐馆做生意的主要目的是要盈利），而以盈利为目的的商人必须了解成本，具备创造力的天分。无论是厨师还是商人，他们都必须掌握过硬的管理技能和施展创造力的机会。

直觉型和管理型组合的职业包括：

- 出庭律师；
- 诉状律师；
- 公司秘书；
- 法律行政人员；
- 商人；
- 厨师；
- 舞蹈编导助手；
- 影院经理；
- 工作室助理；
- 剧院管理者；
- 图书馆助理；
- 接待员；
- 剧院售票员；
- 服装管理人员；

- 行政人员；
- 娱乐总监。

直觉型和务实型的组合

这个组合通常是艺术类的工作，它要求的设计不仅美观大方、引人注目，还很实用。从各类装饰到产品，包括物品装饰和工业品，不一而足。艺术和实用兼有的活动往往能吸引趣味相投的同伴创办各种工作坊或工作室。不过在工作中，人们很难将书面文字偏好与实用性结合起来。例如，一个人在安静写作的同时，如何能忙碌地参加活动呢？在通常情况下，他只能先停下手中的笔，再去参加活动。这就意味着他要么选择发挥创造力，要么选择参加务实的活动，两者之间必须有一个在闲暇时刻完成。而你选择的活动就是你最喜爱的职业领域，它对你而言就是一个展示自我的机会。

尽管如此，你的工作偏好也可能在直觉型和务实型之间相互切换。例如，一个农业方面的秘书和其他秘书一样干着相同的活，但是他比别人更有机会外出到农村工作；一个印刷工人干着机械和技术不断更新的工作（如借助电脑进行报纸、书籍等纸张印刷），但他最初的兴趣可能是文字工作。

直觉型和务实型组合的职业包括：

- 摄影师；

- 家具木工；
- 电影放映员；
- 工程模型制造师；
- 珠宝制作师；
- 模型切割师；
- 图画创作者；
- 陶工；
- 印刷工；
- 图书装订工；
- 技术文档工程师；
- 园丁；
- 糖果糕饼商；
- 服装师；
- 刺绣工；
- 遗体防腐师；
- 自然保护管理人员；
- 园艺师。

直觉型和客观型的组合

这一工作偏好组合拥有过人的智慧（即需要明白事理）。这个领域的工作需要具备艺术或科学方面的天赋和才能。尽管科学和艺术经常被认为是相互矛盾的，但它们在某些工作领域却能够相互包容。例如，汽车设计体现了艺术与工业的完美结合，还有许多工业设计的例子不胜枚举。又如，许多艺术家从事修复古代珍贵绘画的工作必须掌握一定的化学与物理知识。

直觉型和客观型组合的职业包括：

- 人类学家；
- 考古学家；
- 学者；
- 设计师；
- 地图绘制员；
- 制图员；
- 医学绘图员；
- 摄影师；
- 修复者；
- 美容师；
- 博物馆助理。

创业型和社交型的组合

这一组合的工作通常涉及与他人打交道，以及如何影响周围事情的发展。若想为人处世游刃有余，你必须让别人按照你的思维方式行事。这类工作常见于私人商业领域。

创业型和社交型组合的职业包括：

- 社会服务指导人员；
- 校长；
- 酒店经理；
- 葬礼策划师；
- 零售经理；
- 售货员。

创业型和管理型的组合

这一组合的工作常见于银行、保险、商业、办公行政等领域。这些工作不仅对技术有要求，还涉及了管理和商业决策方面的内容，而你能从商业领域的工作中寻找到乐趣。如果你拥有适当的技术知识和专业资格，就能从事综合管理类工作。

创业型和管理型组合的职业包括：

- 财务经理；
- 税务顾问；
- 银行经理；
- 房地产经理；
- 保险从业者；
- 经纪人；
- 俱乐部经理；
- 保险经纪人；
- 办公室主管；

- 销售主管；
- （赛马等）赌注登记经纪人。

创业型和务实型的组合

从事这一组合的工作的人涉足商业和管理领域，但他们不愿受到狭窄空间和办公桌的束缚。这类人更喜欢四处走动，而不愿长时间地待在同一个地方。许多商业领域的工作能满足这类人爱走动的个性。这些类型的工作往往与土地、农业、产品、财产、制造业及使用设备从事各种生产有关联。从事这些工作的人大多具有理论知识和实践经验，并且懂得物品、产品或材料的价值。

创业型和务实型组合的职业包括：

- 农场管理员；
- 产品经理；
- 建筑工人；
- 事故鉴定员；
- 拍卖员；
- 演示人员；
- 财产代理人；
- 酒店老板；
- 运输管理员；
- 殡仪员。

创业型和社交型的组合

从事这一组合的工作的人通常十分热心地帮助他人，能想他人之所想，急他人之所急。他们在管理类的工作中能即时伸出援手，与其说他们“一马当先”，不如说“乐于助人”更为贴切。有些助人的工作需要主动与受助者建立较为亲密的关系（如社会工作者），但是管理型和社交型组合的工作帮助别人的方式并没有那么直接，而且他们帮助的对象更加大众化。

管理型和社交型组合的职业包括：

- 首席护理官；
- 人事部经理；
- 导游 / 当地代理商；
- 医药秘书。

管理型和务实型的组合

这一组合的工作类型很难寻觅，因为管理型工作通常是坐在办公桌前进行的，而务实型的工作往往需要亲自接触各种材料和设备。虽然这两种工作看上去没有任何交集，但仍然能找到将两者结合起来的工作。例如，需要到外地实地考察或出差的工作，然后回到办公室编写报告或整理账目。很多从事这类工作的人把管理型任务视为“不愿发生但又无法避免”的事情。如果你对管理本身感兴趣，这种事情就绝对不会发生在你身上。可是如果你既不喜欢管理型工作，也不喜欢务实型工作，那么你可能更愿意从事采购和预算之类的工作，因为这样的工作本身就是不可分割的整体。

管理型和务实型组合的职业包括：

- 效能部专员；
- 农业方面的秘书；
- 浴场经理；
- 建筑包工头；
- 海关官员；
- 生产主管；
- 机械工程师；
- 价值评估师；
- 零售店店主；
- 国际贸易标准化机构官员。

务实型和社交型的组合

这一组合的工作总是让人保持积极主动的状态，并且可以随时帮助别人。帮助别人需要用到许多实用技能，但是你真正享受的乐趣是帮助别人取得进步。在这一领域，当然有许多工作适合你的兴趣，如与指导、培训和治疗有关的工作。具有这一工作偏好的人通常会抗拒行政方面的工作，因为他们觉得这样的工作把人整天都被困在办公桌前，所以他们宁愿从事可以四处走动的工作。

务实型和社交型组合的职业包括：

- 职业治疗师；
- 手足病医生；
- 警察；
- 体育中心助理；
- 团队教练；
- （青年俱乐部等处的）青年指导人员；
- 狱警；
- 理发师；
- 按摩医师。

客观型和社交型的组合

这一组合的工作通常是应用科学知识或者其他分析技术来帮助别人，而不是直接给予别人情感支持或安慰。这个领域的职业主要是咨询类或技术类，而且往往还需要专业知识和客观超然的态度。尽管如此，个人技能（尤其是机智和理解力）仍然缺一不可。你可能享受或者擅长分析数据、统计事物，可是由于性格外向，你不喜欢那些纯粹和事物打交道的工作。

客观型和社交型组合的职业包括：

- 临床心理学家；
- 牙科医生；

- 整形外科医师；
- 科学教师；
- 社会科学调查员；
- 护士；
- 放射科技师；
- 牙科助理。

客观型和创业型的组合

这一组合的工作需要人们热衷于具有商业价值的研究。由于将科学研究推广成商品通常是一件昂贵的事情，因此这一领域的工作主要存在于大型实业公司。然而，电脑企业雇用员工时，通常倾向于投入更少的成本，一旦你具有科技背景和商业头脑两种特质，你就能在这一领域拥有很多机会。

客观型和创业型组合的职业包括：

- 私人研究所主管或科研企业的主管；
- 眼镜验光员；
- 药剂师；
- 兽医；
- 计算机咨询人员；
- 药品代理商；
- 技术代理商。

客观型和管理型的组合

这一组合的工作往往与事实和数字打交道。从事这一行的你很喜欢处理信息，并且热爱按部就班、有条不紊的工作方式。在很大程度上，在这一领域中吸引你的工作会受到其他工作类型分数的影响。举个例子，请你回头看看自己的职业动机表（见表2-2），如果你的“社交型”和“直觉型”得分很低，那么你可能倾向于管理类或商业类的计算机系统、系统分析之类的工作；如果你的“创业型”得分很高，就意味着你对尖端高科技的工作感兴趣；如果你的“社交型”得分很高，就表明你对培训之类的工作感兴趣。

客观型和管理型组合的职业包括：

- 商业系统分析师；
- 计算机程序员；
- 经济学家；
- 市场调查员；
- 运筹学家；
- 统计学家；
- 系统分析师。

客观型和务实型的组合

这一组合的工作倾向于把科学理论应用于实践。你对科学理论和概念具有浓厚的兴趣，但是你需要从工作中获得实际的利益和回报。简言之，你宁愿设计桥梁，也不愿研究设计桥梁所用到的数学方程式。在这一领域中，大多数工作都需要与人以及商业活动打交道。但是你主要对设备、技术及其应用感兴趣。在这种情况下，你通常渴望充满体力活动的工作，这样你就可以看到科学对环境的影响。这一类型的大多数职业都要求具备研究和专业技能。

客观型和务实型组合的职业包括：

- 农业专家；
- 水文工作者；
- 生物医学工程师；
- 冶金学家；
- 工程师；
- 航海员；
- 人类工程学家；
- 科学仪器制造者；
- 地质学家；
- 测量员；
- 钟表研究人员；
- 技术专家；
- 计算机工程师；

- 效能部专员；
- 环境卫生官员；
- 安全检查员；
- 维修钳工；
- 服务工程师。

你的行为得分

变化型或守旧型

如果你的分数正好处在“变化型”这一端，就表示你很重视快节奏的工作环境、彻底的革新和冒险；如果你的分数正好处在“守旧型”这一端，就表明你倾向于保守、传统的工作方式，即使因为小心翼翼而犯错，也不愿冲动行事。

假如你的分数正好处在中间位置，则表明不管是“变化型”还是“守旧型”的工作环境都不能激发你的动力。

乐群型或独立型

如果你的分数正好处在“乐群型”这一端，就表示你为了在工作中获得真正的满足感，很乐意成为团队中的一员；如果你的分数处在“独立型”这一端，则表示你总是独来独往，缺乏与他人的互动。

如果你的分数处于中间位置，就说明你不是受到环境的刺激而努力，而是倾向于保持更加平衡、灵活、温和的立场。这种倾向非常有效，毕竟在不同场合根据不同需要，它使你能够在团体和个人之间游刃有余。不过，这个分数也说明了，你不愿意受到“乐群型”或“独立型”任何一端持续的压力。

控制型或顺从型

如果你的分数正好处在“控制型”这一端，就表示你喜欢高度有序的工作，而且崇拜个人权威，内心渴望控制他人和事件；如果你的分数处在“顺从型”这一端，则表示你从别人的支持中获得满足感。当别人做决策时，你会给别人提供意见。

如果你的分数处于中间位置，就表示你喜欢的工作既不符合“控制型”，也不符合“顺从型”，而是采取更加平衡、灵活、温和的立场。这种态度很实用，因为你可以根据具体情况接受管理的职位。反之，你也能遵循别人的指示。然而，这个分数也说明你不愿意受到“控制型”或“顺从型”任何一端持续的压力。

可能出现不确定性的领域

也许你还不确定自己真正想要什么。你也许认为，必须做某一类型的工作才能获得成功，但是做其他类型的工作才能使你感到满足或快乐。通过观察你的测试结果表格，就可以清晰地看出你如何看待“满意”和“成功”这两者之间的差异。

当两者分数出现明显差异时，请问问自己为什么会这样，以及是什么原因导致的。

直觉型

充满想象力、创造力和表现力的活动是更让你感到成功，还是更让你感到满足？

客观型

与研究、分析、逻辑和演绎的活动，是更让你感到成功，还是更让你感到满足？

务实型

参加身体力行的户外活动，这些与事物打交道的活动，是更让你感到成功，还是更让你感到满足？

管理型

管理组织，包括行政、信息、财务等事务，是更让你感到成功，还是更让你感到满足？

创业型

与管理、说服别人有关而且有点冒险的商业活动，是更让你感到成功，还是更让你感到满足？

社交型

与别人的福祉和发展有关的事情，是更让你感到成功，还是是更让你感到满足？

变化型 vs 守旧型

你通常会采取小心谨慎、稳稳当当、按部就班的处事态度，但也可能依靠多变、更为急功近利或不按常理出牌的策略获得成功。也许你更倾向于持有多变、冒进或打破传统的态度，但是依靠谨慎、稳定或更传统的方式获得成功。

乐群型 vs 独立型

你独立、冷漠、自力更生，但是你可能依靠与他人合作取得成功。或许你更喜欢成为团队中的一员，享受与他人合作，但是你通过独立、冷漠、自力更生的方式获得成功。

控制型 vs 顺从型

你喜欢支持性、参与性和接纳性的工作，但可能依靠控制、管理和武断的方式取得成功。或许你的个性倾向于武断，并爱控制、管理他人，但是通过支持性、参与性、接纳性的工作取得成功。

你的行为因素分数如何与工作保持一致

变化型

这个分数表明你更喜欢充满变化、挑战和多样化的工作方式，却不喜欢相对稳定的例行事务。你不会被困难吓倒，而是从困难中寻找挑战，尝试新思路开展工作，绝不保持固有的思维模式而一成不变。

你具有强烈的自主性。请你回看自己在哪个工作类型上得分较高。这类最适合你的工作能够使你进一步了解自己的偏好。以下列出了一些可能的工作类型。记住，这些只是部分例子而已。

- 客观和变化型：
  - 调查解决问题；
  - 探究新思路；
  - 系统分析；
  - 逻辑辩论；
  - 商业应用，承包人或顾问。
- 务实和变化型：
  - 贸易；
  - 解决纠纷；
  - 危机管理；
  - 订货；
  - 自己做生意；
  - 体育类活动。
- 管理和变化型：
  - 公司理财；
  - 收购；

- 采购；
- 商业；
- 合同或法律意见；
- 在工厂或私人部门工作。

• 创业和变化型：
- 高风险商业活动；
- 谈判；
- 拿个人名声和财富冒险；
- 销售；
- 宣传或展示产品。

• 社交和变化型：
- 教练；
- 培训；
- 代理人；
- 对外贸易；
- （从事某个领域工作的）专职工作者。

• 直觉和变化型：
- 设计或做插图；
- 头脑风暴；
- 创造新产品；
- 美术品；
- 自由职业。

守旧型

这个分数表明你是一个小心谨慎、遵守纪律、不任人摆布的人。充满变化和多样性的工作对你毫无吸引力。你做事依赖于经实践检验过的方式。你通常会照顾别人，并在做决策前会收集可靠的信息。你绝不会在没有充分事实依据的情况下仓促做决定。小心谨慎是你的天性使然。请你回看自己在哪个工作类型上得分较高。这类最适合你的工作能够让你进一步了解自己的偏好。以下列出了一些可能的工作类型。

- 客观和守旧型：
  - 提供专业支持服务；
  - 帮助一线员工；
  - 提出批判性评估方案；
  - 在公共或学术机构任职。
- 务实和守旧型：
  - 获取和使用手艺或技能；
  - 一旦选择，就会一直坚持某类喜欢的工作；
  - 在公共部门任职。
- 管理和守旧型：
  - 与办公室有关的工作；
  - 会计技师；
  - 行政系统和管理。

- 创业和守旧型：
  - 保守规划的企业家；
  - 基础牢固的业务发展。
- 社交和守旧型：
  - 担保就业；
  - 安全感比物质报酬更重要；
  - 通常在公共机构工作（如教育、护理等）。
- 直觉和守旧型：
  - 与设计有关的工作；
  - 创造产品、视觉教具、展示等；
  - 公司或组织的一员。

乐群型

这个分数表明你享受在群体中工作，绝不是一个独来独往的人。成员关系是决定你对工作的满意度的必要条件，你喜欢团队合作。你的性格适合与团队成员一起工作。请你回看自己在哪个工作类型上得分较高。这类最适合你的工作能够让你进一步了解自己的偏好。以下列出了一些可能的工作类型。

- 客观和乐群型：
  - 项目工作；
  - 调查小组；
  - 信息沟通专员。

- 务实和乐群型：
  - 实际操作；
  - 园艺；
  - 需要相互依赖的团队工作（如产品团队、维修小组、采矿业、渔业、武装部队、警察等）。
- 管理和乐群型：
  - 大型办公环境；
  - 商业团队；
  - 责任分担（如银行业、保险业等）。
- 创业和乐群型：
  - 谈判团队（如与工业有关的工作）；
  - 工程团队或新型商业投资；
  - 管理他人（领导和委托）。
- 社交和乐群型：
  - 与人交往频繁（如关怀、咨询、培训、护理、整骨医生等）。
- 直觉和乐群型：

  与团队有关，并且需要合作、人际交往技巧的工作（如设计团队、联合陈述、剧院团队等）。

独立型

这个分数说明你是一个独立的人。也许你比较害羞，也许你喜欢自力更生，也许你觉得别人会阻碍你的努力。这并不意味着你不合群，只能说明你崇尚独立。独立是你的天性使然。请你回看自己在哪个工作类型上得分较高。这类最适合你的工作能够让你进一步了解自己的偏好。以下列出了一些可能的工作类型。

- 客观和独立型：
  - 与事物和大致信息有关的工作；
  - 涉及分析和数据的研究工作。
- 务实和独立型：
  - 手艺活；
  - 农村工作；
  - 不依赖别人的技能；
  - 调查工作；
  - 与安全有关的工作。
- 管理和独立型：
  - 法律／理财专家；
  - 个人书写报告，或是通过电脑链接／网络的方式提供数据；
  - 财务分析。
- 创业和独立型：
  - 独立执行者，不依赖他人；
  - 经纪、交易或投机；
  - 不涉及人事管理的工作；
  - 与物品和服务打交道的工作。

- 社交和独立型：
  - 为他人提供专业咨询意见（如咨询师、全科医生、心理医生、牙医等）。
- 直觉和独立型：
  - 发挥个人独特技能和天赋的工作；
  - 依赖自我激励的工作。

控制型

这个分数表示你喜欢发号施令，控制别人，而不喜欢受人控制。你偏爱高度有序的工作方式，因为你能从中熟知工作要求并认为自己必须把事情做好。这是你偏好的行为方式，绝不仅仅是工作的要求而已。控制欲是你的天性使然。请你回看自己在哪个工作类型上得分较高。这类最适合你的工作能够让你进一步了解自己的偏好。以下列出了一些可能的工作类型。

- 客观和控制型：
  - 审核；
  - 分析；
  - 实验和研究方法的工作。
- 务实和控制型：
  - 维修和保养；
  - 安全控制；
  - 警察机关；

– 飞机制造业。

• 管理和控制型：

– 审计；

– 税收；

– 评估；

– 调查工作；

– 库存管理；

– 进度追踪；

– 方法分析。

• 创业和控制型：

– 法律条文；

– 任务驱动；

– 与事实有关。

• 社交和控制型：

– 管理职责或扮演指导角色；

– 组织管理；

– 试用期主管；

– 提供技术服务（如听觉矫治医师、牙医等）；

– 人力资源／培训。

• 直觉和控制型：

– 技术类；

– 销售；

– 设计管理；

– 翻译；

– 舞蹈；

– 图书馆 / 信息科学。

顺从型

你喜欢由上级支配的工作环境，而且你在工作中乐于分享、支持他人。即使你和别人的意见相左，也很容易接纳别人的观点和决定。这并不意味着你总是言听计从，确切地说，你通常把别人放在第一位，所以才重视对方的意见。接纳和顺从是你的天性使然。请你回看自己在哪个工作类型上得分较高。这类最适合你的工作能够让你进一步了解自己的偏好。以下列出了一些可能的工作类型。

- 客观和顺从型：
  - 数据分析；
  - 计算机编程；
  - 计算机交互。
- 务实和顺从型：
  - 维修工作；
  - 安全服务工作（如消防、救护、水路等）；
  - 修理工作；
  - 乡村手工艺；

– 娱乐工作；

– 与动物有关的工作。

- 管理和顺从型：

– 会计工作；

– 行政支持；

– 培训管理；

– 住房供给。

- 创业和顺从型：

– 委员会工作；

– 慈善机构；

– 谈判支持；

– 为团队领导组织；

– 拍卖；

– 零售业和酒店业。

- 社交和顺从型：

– 私人助理；

– 治疗师；

– 接待 / 秘书；

– 美容文化；

– 志愿者工作。

- 直觉和顺从型：

– 美术设计；

- 创意支持（如提供策略解决问题等）；
- 插图；
- （乐队为录音而雇用的）伴奏乐师。

中间分数（变化 - 守旧型）

你为人处世采取中庸之道，注重实际。你能够根据工作需要适应环境，与周围相处和谐，不急不躁。不过，这也表明当你必须在任何一个极端（变化或守旧）的环境下工作时，你都不太满意。

中间分数（乐群 - 独立型）

你为人处世采取中庸之道，注重实际。你能根据工作需要在个人和团队之间做出选择。不过，这也表明当你必须在任何一个极端（要么永远成为团体中的一员，要么总是独来独往）的环境下工作时，你都不太满意。

中间分数（控制 - 顺从型）

你为人处世采取中庸之道，注重实际。你能根据工作需要在控制和顺从之间做出选择。不过，这也表明当你需要在任何一个极端（要么总是让你做主，要么总是让别人替你拿主意）的环境下工作时，你都不太满意。

职业发展规划练习

你对“工作满意度”当然有自己的理解，毕竟这是你的个人追求。不过有一点是肯定的：工作满意度不是外界强加给你的。

工作满意度或生活满意度来源于你基本的价值观。当你全情投入自己认为重要的事情时，你自然就会获得满足感。另一方面，如果你什么都不在乎，那么你当然什么都不会做。换言之，你的价值观隐藏在你的动机之中。

为了从工作中收获真正的满足感，我们必须把时间花在自己认为最有价值的工作上面，这一点非常重要。职业发展规划问卷通过了解你的价值观、分析你的行为特点，从而了解哪些职业能带给你最大的满足感。

最理想的状态莫过于透过问卷结果，你可以轻轻松松地勾选出最符合你的工作价值观和行为偏好的工作，然后你能借此找到最满意的工作！

不幸的是，现实与理想之间往往相去甚远。在现实社会，用人单位希望员工具备某种技术、能力、态度和相关经验。有时候用人单位需要员工具备“正确”的态度——与用人单位的理念保持一致。毕竟，尽管所有的雇主更喜欢积极主动的员工，但是他们绝不会只凭这一点就聘用态度积极的人！雇主通常最看重的是员工的动机和其他行为因素影响下的全部表现。本章接下来的职业发展规划练习能够帮助你实现这个目标。

通过完成下面的练习，你能够根据职业发展规划的结果应对求职中所面临的关键挑战，从而平衡工作类型和自身行为偏好的落差。最后形成对你最有意义的行动计划。

分析职业发展规划，专注职业目标

在接下来的内容中，你可以完善自己的求职选择，然后列出一张你最想从事、可操作的职业清单。不用担心目前你可能欠缺的经验或技能，我们将在稍后接着讨论这部分内容。通过了解自己的局限性，你必须清楚自己最想要做什么，然后再缩小自己的求职范围。

需要注意的是，借助各种渠道（如职业词典、职业规划师或其他地方）获知各种类型的工作可能会花费你几天甚至几周的时间，所以你不用急急忙忙地去完成本节内容。

练习 1

仔细回顾并检视你得分较高的工作类型，再结合职业发展规划结果中得分高的工作偏好。现在，你需要审视在两者基础上总结出来的职业清单。哪些工作对你有吸引力？把这些你感兴趣的工作全部写在你的职业清单（见表 2－4）中。有没有哪些职业是之前没有列出来的呢（记住，之前的例子只是一部分可能的职业，它们只是起到指引的作用，而不是指定的职业）？你可以把你想到的职业添加到你的清单里面。

表 2-4　　职业清单

现在请翻到职业发展规划结果的页面，回顾你的行为偏好。书中的评价能否帮助你修改你的求职清单？有哪些职业绝对不符合你的性格？如果有，把它们从清单中挑出来。书中提到的哪些职业是你之前从未想过的？如果有，把它们添加到你的职业清单里面。

技能或态度组合

与“态度”“技能”不同，“胜任力”一词被广泛用于组织机构中，它是指有效完成某种工作所需的各种态度的总和。在本章里，你可以评估个人及人际交往的技能和态度，它们与一系列能力是不同的。你也可以将评估结果与别人对你的评价做对比，他们通常是熟悉你的人，如上司、下属、同事或某个朋友。

能力 / 胜任力检核表

能力 / 胜任力检核表（见表 2－5）收集了 41 种能力并将其分为八类。在右边表格的上方有五个词语用来描述每项能力的内容，每个词语分别用五个大写英文字母表示。每一项陈述对应一种能力，你可以逐题勾选出恰当描述自己技能水平的选项，五个字母分别表示：

E：超高水平技能；

H：高水平技能；

M：中等水平技能；

L：低水平技能；

0：零水平技能。

举个例子，如果你认为自己是一个坚持不懈、永不言弃但不拘小节的人，你就在第一道题中选择“E”（超高水平技能），并在第二道题中选择“0”（零水平技能）。

现在你可以完成以下检核表，针对 41 种能力逐一诚实作答。

第 42 ～ 45 道附加题是空白的。请你在空白处添加自己其他相关的能力，确切地说，请你把自己的“H”（高水平技能）或“E”（超高水平技能）填入空白处。这些技能也许和你的嗜好或业余爱好有关。请你思考自己所有擅长的领域，包括在家、在夜校、在业余时间，然后将它们填入检核表中。

练习 2a

表 2-5　　能力 / 胜任力检核表

自我管理	E	H	M	L	0
1. 坚持不懈 即使遇到困难，也依然坚定决心，昂首向前；适应力强；精力充沛 2. 细节意识 在工作中既能纵观大局，也能关注细节 3. 灵活变通 对周围的人和事能够随机应变 4. 自主决断 自我激励；办事有效率；不需要别人的直接指导 5. 时间管理 做事有计划，并能有效地管理自己的时间					
管理	**E**	**H**	**M**	**L**	**0**
6. 控制性 遵守纪律，做事有条理；讲究平衡，倾向于理性；井井有条，持之以恒 7. 委托别人 以公平合理的方式请求帮助，有自知之明 8. 组织 协调他人的活动以实现相互依存的目标 9. 计划 了解达到成功的一系列行动步骤；识别持久需求并实现成就 10. 治愈他人 视他人为独立的个体；尊重他人；对各种各样的人都能伸出援手					

续前表

11. 领导力 尽可能考虑到所有人的观点；带领较为沉默寡言的组员参与讨论；保持团队的平衡					
分析	E	H	M	L	0
12. 问题分析 从事实中找到原因 13. 做出决策 做出理性和逻辑的判断；具有批判性思维 14. 财务分析 通晓财务，能准确解释财务数据 15. 批判质疑 探究事实和意见之间的讨论，不接受表面的论断					
交际	E	H	M	L	0
16. 口头表达 口齿清晰，明白易懂 17. 演讲 在正式和非正式场合中发表的见解和主张通俗易懂 18. 书面表达 观点清晰，用词简洁，内容易懂；写报告和书信浅显易懂 19. 倾听 在别人说话时能够专心聆听 20. 积极主动 在别人还没有开口求助之前，就自发地给予帮助					

续前表

自我调整	E	H	M	L	0
21. 受挫力 在压力下仍然能够保持冷静，并且在压力中成长 22. 耐性 耐心等待果实成熟 23. 体力 保持身体活跃和运动					
人际关系	**E**	**H**	**M**	**L**	**0**
24. 共情 敏感地察觉到别人的感受 25. 消除隔阂 即刻能给人积极的印象；建立和维持融洽的关系 26. 社交 与个人、团体都能保持积极互动的社交关系 27. 影响力 说服别人的观点和建议；令人信服；在谈判中运用客观公平的论据实现目标或达成和解 28. 团队合作 与团队成员保持和谐、合作的关系 29. 关系网 利用人际关系网来取得所需的资源或信息					
创业素质	**E**	**H**	**M**	**L**	**0**
30. 独立 凭借个人强大的信念来指导自己的行动和方向，不容易受到外界的影响					

续前表

31. 冒险 为了达到目的，愿意拿个人的财产和名声去冒险 32. 投机主义 敏锐地嗅到商机 33. 意识 洞察环境中各种因素的变化动态，例如经济和政治气候对市场的影响 34. 眼界 认清蓝图规划的整体情况 35. 创新 创造或确定新颖、彻底的行动方案和解决办法					
技术	E	H	M	L	0
36. 驾驶 目前持有机动车驾驶证 37. 文秘工作 打字、处理文字和接听电话 38. 计算机操作熟练程度 使用计算机软件提高操作的效率并改善效果 39. 工匠手艺 会制作物品；擅长自己动手做东西或修理东西 40. 预算 制订计划时会考虑实际开支，控制预算 41. 专业 拥有某一项专业资格					

续前表

如有需要，请列出属于你自己的清单	E	H	M	L	0
42.					
43.					
44.					
45.					

你的技能分布图

接下来，你的任务是将检核表的结果转换成技能分布图。最后，你会看到自己五种技能水平的分布情况。

请你将练习 2a（表 2－5）中 41 种能力 / 胜任力的技能水平填入表 2－6 中。例如，如果你在第 5 道题的选项“H”，就在“H”那一列的格子里填入“5”。至于 AR 这一栏可以暂时不填，稍后我们再做解释。记住，表格中大写的英文字母分别表示：

E：超高水平技能；

H：高水平技能；

M：中等水平技能；

L：低水平技能；

0：零水平技能；

AR：评分者分数。

练习 2b

表 2－6　　你的技能分布图

E	AR	H	AR	M	AR	L	AR	0	AR

现在，你需要找另外一个人给你的 41 种能力 / 胜任力评分。在理想的情况下，这个人最好是你的顶头上司。当然，也可以退而求其次，这个人还可以是你的前任领导、同侪、同事或朋友（唯一需要担心的小概率事件就是，同事对你的评价可能太仁慈了。因此，你必须确保评分者能客观地评价你的能力）。

在理想的情况下，为了避免任何偏见，你所挑选的评分者必须没有看过你的自评结果。你必须让评分者认真对待，务必请他诚实作答，而不用担心伤害你的感情，也不要受到你对自己评价的影响。记住，你可以指导评分者如何填写能力 / 胜任力清单，即练习 2a 中的表 2－5。

接下来，评分者需要将他的评分填入表 2－5 中。

然后，你再把评分者的评分填入你的技能分布图（练习 2b，表 2－6）相应的位置上（E、H、M、L 或 0 后面都有 AR 一栏）。

认真思考分析结果并按照下面描述的方式行动起来：

- 倘若别人的评分和你的评分一致，或是与你的评分相近，就说明你对自己的评价中肯；
- 若是别人的评分远远高于你的评分，你就要问问自己有没有低估自己在这方面的能力。如果可以，请评分者以他的角度说说，你们的评分为什么会出现如此大的差异。如果别人的评分远远低于你的评分，你就必须深刻地反省自己有没有自欺欺人。你会在哪些方面拿自己和同侪比较呢？

当然，也有可能是评分者弄错了，但这也恰恰说明了问题——毕竟，评分者可能就是你的老板啊！我还是建议，你应该好好和他谈一谈为什么会有如此大的差异。

在你完成技能分布图后，就可以进入下一个步骤。稍后将为你介绍如何使用这个分布图上的结果。

你的能力和你的职业优势

思考一下你的优点和能力，即练习 2 中所有“E”（超高水平技能）和“H”（高水平技能）的选项，再仔细阅读你的职业发展规划中有关你工作的具体描述，以及你的行为因素偏好。

- 你有没有发现互补的领域？
- 你发现哪些你擅长或十分熟悉的领域与你的兴趣爱好有关？
- 再思考一遍你的优点和技能，再去回顾你在练习 1 里选择的职业清单。

哪些职业对你最有吸引力？

- 与某些职业相比，哪些职业与你的个人技能关系更加紧密？
- 有没有哪些职业能让你发挥所有的才能？

如果你不想从练习 1 的职业清单中寻求意见，那么你可能现在就要重新考虑一下。

练习 3

为了获得一份职业选择偏好清单（见表 2 - 9），现在请你使用成对比较法来评价你可能选择的职业（见表 2 - 7）。

表 2 - 7　　成对比较法示例

职业选项	1 教师	2 会计	3 牙科医生	4 新闻记者	5 其他	6 其他	7	8	9	10	总分
1 教师		是	是	否							2
2 会计	否		否	否							0
3 牙科医生	否	是		否							1
4 新闻记者	是	是	是								3

注意，1/1、2/2、3/3 和 4/4 空格里没有评分。1/1 表示“教师”和“教师”比较，2/2 表示“会计”和“会计”比较，以此类推。

在填写表 2 - 8 时，请遵循以下步骤：

- 你的检核表里面是否超过了 10 个职业？
- 如果你的检核表中有 10 个以上的职业，请删掉一些不符合你兴趣、能力和经验的职业，尽可能使你的检核表的职业不超过 10 个；
- 将这 10 个（或更少）职业按 1 ～ 10（有几个，最大的数字就到几）的顺序随机排列，并在竖列中标注出来；
- 将上一步骤排列好的职业顺序也在横行中标注出来；

- 首先看“职业选择”下方竖列的数字 1，请你将这个职业与其他职业一一做比较，如果你更喜欢 1 的职业，就在方格里填“是”。反之，填“否”。例如，在前面的表格中，与会计和医生相比，某人更喜欢当教师。但是和教师相比，他又更喜欢当新闻记者；
- 完成第 1 行之后，以同样的方式完成第 2 行。将数字 2 的职业与其他职业一一做比较，如果你更喜欢 2 的职业，就在方格里填“是”。反之，填“否”；
- 以此类推，完成整个矩阵表格（忽略从 1/1 至 10/10 方格里的星号，因为它们表示该职业和自身做比较）。

表 2-8 成对比较法

职业选择	1	2	3	4	5	6	7	8	9	10	总分
1	*										
2		*									
3			*								
4				*							
5					*						
6						*					
7							*				
8								*			
9									*		
10										*	

计分和结果解释，列出职业选择偏好清单

数一数矩阵表格中每一行有多少个“是”，然后把数目写在右侧的方格中。正如前面所举的例子，如果第一行的“教师”职业有两个“是”，那么总分就记为 2。总分最高的职业就是你的第一选择，其次就是你的第二选择，以此类推。

在表 2－9 中，请你把分数最高的职业放在第一行，分数第二高的职业放在第二行，以此类推，直到所有职业都排列好为止。

表 2－9　　职业选择偏好清单

1	
2	
3	
4	
5	
6	
7	
8	
9	
10	

现在，你可以把表格的结果转换为具体的行动目标和计划，以此作为自己职业道路上的风向标。

职业行动计划

练习 4 列出了行动计划的框架。首先，请你仔细思考你的技能差距（或发展需要），然后在方框 1 中填入你的第一个职业选择的名称。

练习 4

方框 1

最终确定的职业：

如何证实工作机遇真的存在呢？或许这是你之前已经深思熟虑的问题。如果没有，就请你跟着下面的步骤思考：

- 获取职业建议或职业咨询；
- 咨询职业介绍所；
- 咨询相关的职业协会；
- 咨询求职机构；
- 咨询正在招聘的雇主；
- 查询工作文献。

根据上述步骤，接下来请你列出具体的做法。你还需要写下执行每个步骤的日期。

方框 2

你如何证实工作机遇真的存在呢
获取职业建议或职业咨询 执行日期：
咨询职业介绍所 执行日期：
咨询相关的职业协会 执行日期：
咨询求职机构 执行日期：
咨询正在招聘的雇主 执行日期：
查询工作文献 执行日期：

现在，你还需要做些什么呢?

方框 2 中已经涵盖了这个问题。但是你还可能需要应聘新的工作或者参加新的课程。请你把自己的选择和执行计划的日期填入方框 3 中。

方框 3

给未来的雇主写求职信，寻求机遇	
	执行日期：
	执行日期：
	执行日期：
	执行日期：
	执行日期：
	执行日期：
	执行日期：
	执行日期：
	执行日期：
选择职业能力提升课程	
	执行日期：
	执行日期：
	执行日期：
	执行日期：
	执行日期：
	执行日期：
	执行日期：
	执行日期：
	执行日期：

你还有其他的职业选择吗?

你是否已经确定了自己理想中的职业?如果已经确定，请直接跳到方框 5。如果尚未确定，请你先来完成方框 4 的内容。

方框 4

	在选择职业能力提升课程之前，你是否考虑过其他的职业，排在第二、第三、第四的职业分别是什么
第二职业	
第三职业	
第四职业	

假如你无从选择，或者你因为缺乏机会、强烈的竞争等各种原因而不能从事自己理想中的职业，那么你可以在方框 1 至方框 4 中填入其他你感兴趣的职业，马上行动起来吧!

思考:

- 你需要和什么样的人聊一聊工作?他们可能是已经从事这份工作的人。
- 这类工作经验你是通过闲暇时间或志愿者工作得到的吗?
- 你在家自学和练习吗?
- 读书有用吗?如果有用，你需要哪些书籍?
- 你能抽空学习培训课程吗?

- 有没有获得赞助的机会？
- 有没有公司或机构要求你完成某项开支有限的项目，你会为了获得工作经验而接手吗？

接下来，请看方框 5 是如何完成它的？

- 第一列：你的发展需求是什么？写出来；
- 第二列：完成第一栏的内容并思考其他相关问题，再根据每一个发展需求在第二栏中写出明确的打算；
- 第三列：请你思考，如果你满足了自己独特的发展需求，你会有何与众不同呢？这个发展需求可能是一张纸质证书、直接的经验，或从未有过的自信。对应每一个发展需求，把它们通通写下来；
- 第四列：一旦你完成某个新的培训、阅读、项目任务等，就请写下具体的完成日期。当然，有些具体的日期需要你找到问题的答案之后才能填写出来。

方框 5

你如何满足自己的发展需求			
你的发展需求是什么	你有什么明确的打算	你有何与众不同	什么时候完成（填写具体的日期）

续前表

你打算从什么时候开始从事新的职业？请告诉自己一个明确的目标，并把具体的日期填入方框 6 中。

方框 6

你打算从什么时候从事新的职业 具体日期：

从计划到行动

现在你可以开始求职了。为了满足自己的发展需求，你还可以多渠道地寻求帮助。

我们为你列出了几点建议。

求职

如果有需要，你可以向别人寻求帮助，询问他们关于自我介绍、面试技巧、求职信书写、申请表填写等方面的内容。无论你是参加面试还是写求职信，如果你想给未来的雇主留下深刻的印象，那最好把这些建议当成必做的清单。

求职信和申请表

通过职业发展规划，你已经清楚地了解自己的兴趣和动机，以及与工作环境相关的职业类型。通过练习中的自我剖析，你已经掌握了一系列能向他人展示的技能。一旦你研究感兴趣的职业领域，就能更好地了解这份工作的内容和职责。关键是，你现在知道了自己想要什么了！务必利用好下面给出的宝贵建议：

- 写求职信时，要重视实际行动，让公司知道你能做什么；
- 告诉未来的雇主你为什么对这份工作感兴趣，而且你已经做过有关调查，并好好利用起来。

一旦有机会，记得把你的工作因素和行为偏好与求职工作及环境联系在一起。无论你喜欢分析类、行政类还是关心他人的工作，也无论你是向往充满变化的工作环境还是团队工作，一定要让老板知道。

最重要的是，你现在知道了自己想要什么了！

个人履历或简历

设计个人履历或简历时，你必须：

- 让读者一眼就知道“你是谁”；
- 向公司和机构展示你的潜在价值；
- 即刻抓住读者的眼球（研究表明，经理浏览一份简历的平均时间大约是30秒，而且他在这短短的时间内就已经决定了是否要继续往下看）；
- 展示你对该行业、部门和职位的知识，并让未来雇主知道你了解这份工作的要求和挑战（参见后面求职信的部分）；
- 记录你个人所做的事情或成就，而不是列出“假设”的工作角色的职责；
- 内容充实（不要矫饰），但力求简洁（两页纸最理想，一定不要超过三页纸）；
- 勇敢应对面试者的每一个问题，对自己所说的每句话负责；
- 使用主动句，而不用被动句；
- 在有必要的地方尽量用数字表述（举个例子，如果因你的努力而提高了销售业绩，那么你可以具体地说明在什么时候、在多长时间内，使销量从多少提高到多少）；
- 充分利用自己各个方面的业绩，包括工作领域、学习领域和兴趣领域。

书写求职信和网上求职

在求职的过程中，你一定要按照心仪的公司和机构的需要来修改自己的简历。不过，在简历后面附上求职信通常也是理想的做法。假如雇主从你的简历中不能一眼判断出你是不是理想的候选人，附上求职信就显得尤为重要了。

你的求职信应该包括这些内容：

- 王婆卖瓜，自卖自夸。充分展示你的优势技能和经验，以契合公司的需要；
- 有调查才有发言权。详述你对公司或行业的了解及挑战（举个例子，如果你去广告公司应聘，就可以事先联系人力资源经理，获取一份公司的简介、工作描述等资料）；
- 阐明你对职位的需求；
- 留下你的联系方式；
- 告诉对方你希望的面试方式（如面谈、会面或电话面试）；
- 言简意赅，将内容缩减到一页纸；
- 表露你的热情，但要注意保持得体的言行举止（例如，尊敬地称呼对方为先生或女士，除非你私下认识对方）。

你的求职信千万别这样做：

- 把个人简历放在求职信前面；
- 致“有关人士”敬启；
- 提及你目前离职或考虑离职的原因。

求职面试

虽然市面上有许多书籍教你如何在面试中做足准备，但是接下来的内容会强调一些你必须记住的重点。

求职面试其实是双向的面谈。既能让你通过面试这个机会接触公司，也能让未来的老板有机会认识你。因此，你在面试之前要列一张问题清单，它能帮助你弄清这份工作是否符合你的兴趣，并让你成为自己想成为的人。

一般来说，面试官会在以下几个方面考察你是否“适合”这份工作：

- 妆容、外表等；
- 成就和业绩；
- 智力和常识；
- 视工作、兴趣和爱好而定，擅长某种特定的技能（如计数、言语表达、机械、手工灵巧等）；
- 人际交往能力、自立的品质等；
- 个人情况，比如家庭状况、调动意愿等其他问题。

完成以上练习后，你就可以着手回答这些领域的问题了。

面试提问

你可以按照上面列出的每一条注意事项写下最佳答案，如果不写出来，也可以在头脑中打好草稿，面试就很容易成功。举个例子，你可能会遇到这样的提问：

- 你从事这份工作最大的优势是什么（千万别回答“我不知道”）？
- 你获得了哪些值得骄傲的成绩？你是怎么做到的？
- 你如何和执行力不强的人打交道？
- 你会如何形容自己的管理风格？你如何组织自己的团队开会？
- 你最享受的事情是什么？
- 公司有什么最吸引你？
- 公司为什么要聘用你？
- 你主要的发展需求是什么（谨慎回答这个问题，因为对方可以从另一个方面发现你的缺点）？
- 公司可以如何成就你的职业梦想？

不要用三言两语来应付上述问题。这些问题是你满怀热情地展现兴趣的大好机会。抓住良机，不可错过！

除此之外，你不用说话也能给面试官留下美好的印象。例如，热情有力的握手可以透露出你充满自信的人际交往能力，真诚的微笑也能传递出友好和幽默感（同时，微笑也是最快消除紧张的方法之一）。

面试的其他注意事项

- 确认行程安排，按预定时间出现；

- 向对方索取你尚未了解的任何有关工作或公司的信息或资料（这样做既能表现出你对这份工作的热情，也会给未来的雇主留下积极的印象）；
- 预留足够的时间提前到达面试地点；
- 一天当中第一个和最后一个面试者都会给人留下深刻的印象（研究表明，在一大批面试者当中，面试官更容易记住第一个和最后一个面试者）。因此，努力创造这样的机会吧；
- 不要表现得太随意或者不拘小节，否则后果将不堪设想；
- 一开始就要微笑，热情有力地握手（如果对方主动伸手的话），并直视对方的眼睛，这是让面试双方都能放松的窍门（即使你感到紧张，也要保持自信。想象你只是在游戏中扮演一个角色而已）；
- 回答问题要完整且坦率，尽量简洁。表达务必要清晰，不要含糊其词。说话的时候千万不要用手捂住嘴巴，也不可以长篇大论；
- 不要做笔记、吸烟，或是批评其他公司、前任老板、同事、同学、大学、讲座和老师，也不要借着名流权贵来抬高身价；
- 放轻松，保持愉悦的心情，最重要的是做好你自己。尽管你表现出一副胸有成竹的样子，也不要去扮演别人。毕竟，接下来的几年时间你都要继续扮演别人的角色；

- 如果对方允许，你可以向对方提问事先准备好的问题。如果不允许，那么你可以在面试结束前说一句类似“我有一两个问题，现在能提问吗”的话；
- 不管你是否愿意，一定要记得感谢面试官，并询问对方接下来要怎样做。

第 3 章

让你的工作与生活实现平衡

本章将为你介绍生活平衡测试（Life Balance Test, LBT），你可以借助它了解自己在生活中关键领域的满意指数。通过测试结果，你能确切地知道自己会以何种方式应对境遇，以及会在哪些方面做出妥协。我们将带领你拨开表象的迷雾，认识自己的内在动机，客观地检视自我。本章提供的练习不仅能帮助你科学地了解自己的内在动机，还能让你用自己想要的方式去调节工作和生活的平衡。

生活平衡测试

和第 2 章一样，我们仍然需要你用“满意的”和“成功的”这两个词来形容你的工作及工作之外的生活。

假如你目前还没有就业或是打算换一份新工作，你也可以完成这个测试，只不过，你思考的对象是你将来的工作，以及你所期待的未来生活。同样，你也可以参照“我前一份工作”“我当时的生活”来完成这个测试。根据测试的结果，你能洞察在过去或将来的生活中令你担心的问题和不尽如人意的地方。

世界上没有感受完全相同的人，因此测试的答案没有对错之分，你的感受才是最重要的。在开始测试之前，请你确定思考的对象。为了明晰问题，你需要写下职业的名称及从事这份职业的时间。请继续仔细阅读。

测试介绍

本测试是参照：

我的职业：____；

从事这份职业的时间：______________________________。

记住一点：你的回答必须反映你在此时此刻的感受。

本测试呈现两个关键词："成功的"和"满意的"。两者的含义不同。所谓"成功的"，是实现目标或是成为别人眼中的成功人士；而"满意的"是指意愿得到满足、符合心愿。请你静下心来思考这两个词对于你的意义。接下来的每道题中包含两个句子，你必须选出两者中更符合"成功的"含义的描述，随后按照同样的方式，选择两个句子中哪个更符合"满意的"描述。你可以在答案下方画横线。请看下面的例子：

示例

我感觉自己更成功

a. 当我出门做运动　　S（画线）

b. 当我在家看电视　　H

在这个例子中，做运动让回答者感觉更成功。而另外一个人则可能对此有不同的感受，那么他的答案就是“H”。

你将发现，测试中的有些句子会反复出现，但这些句子都是与不同的句子成对出现的，换句话说，每道题里的两个句子都是以全新的面貌呈现的。

在测试的过程中，千万不要按照“你觉得应该怎么做”来答题。这不是测试的目的。要尽可能地按照你真实的想法回答每一道题，并在恰当的位置上画横线。

如果你准备好了，就开始答题吧。

成功的

1. 我感觉自己更成功
   a. 和家人在一起 F
   b. 独自度过闲暇时间 L
2. 我感觉自己更成功
   a. 独自度过闲暇时间 L
   b. 投入实际的工作中 N
3. 我感觉自己更成功
   a. 靠工作赚钱 M
   b. 在工作中能做自己想做的事 A
4. 我感觉自己更成功
   a. 在工作中能做自己想做的事 A

b. 获得想要的职位 S

5. 我感觉自己更成功

a. 和家人在一起 F

b. 投入实际的工作中 N

6. 我感觉自己更成功

a. 独自度过闲暇时间 L

b. 靠工作赚钱 M

7. 我感觉自己更成功

a. 投入实际的工作中 N

b. 在工作中能做自己想做的事 A

8. 我感觉自己更成功

a. 靠工作赚钱 M

b. 获得想要的职位 S

9. 我感觉自己更成功

a. 和家人在一起 F

b. 靠工作赚钱 M

10. 我感觉自己更成功

a. 在工作中能做自己想做的事 A

b. 与工作伙伴打交道 R

11. 我感觉自己更成功

a. 投入实际的工作中 N

b. 获得想要的职位 S

12. 我感觉自己更成功
    - a. 靠工作赚钱 M
    - b. 与工作伙伴打交道 R
13. 我感觉自己更成功
    - a. 独自度过闲暇时间 L
    - b. 获得想要的职位 S
14. 我感觉自己更成功
    - a. 投入实际的工作中 N
    - b. 与工作伙伴打交道 R
15. 我感觉自己更成功
    - a. 和家人在一起 F
    - b. 获得想要的职位 S
16. 我感觉自己更成功
    - a. 独自度过闲暇时间 L
    - b. 与工作伙伴打交道 R
17. 我感觉自己更成功
    - a. 和家人在一起 F
    - b. 与工作伙伴打交道 R
18. 我感觉自己更成功
    - a. 投入实际的工作中 N
    - b. 靠工作赚钱 M

19. 我感觉自己更成功

    a. 获得想要的职位 S

    b. 与工作伙伴打交道 R

20. 我感觉自己更成功

    a. 独自度过闲暇时间 L

    b. 与工作伙伴打交道 A

21. 我感觉自己更成功

    a. 和家人在一起 F

    b. 在工作中能做自己想做的事 A

现在，请你完成另一部分的答题：你认为满意的状态是什么？满意感是指一种心满意足、事情尽如人意的状态。

满意的

22. 我感到更满意

    a. 与工作伙伴打交道 R

    b. 和家人在一起 F

23. 我感到更满意

    a. 获得想要的职位 S

    b. 和家人在一起 F

24. 我感到更满意

    a. 与工作伙伴打交道 R

    b. 独自度过闲暇时间 L

25. 我感到更满意
    a. 获得想要的职位 S
    b. 独自度过闲暇时间 L
26. 我感到更满意
    a. 与工作伙伴打交道 R
    b. 获得想要的职位 S
27. 我感到更满意
    a. 获得想要的职位 S
    b. 投入实际的工作中 N
28. 我感到更满意
    a. 在工作中能做自己想做的事 A
    b. 和家人在一起 F
29. 我感到更满意
    a. 与工作伙伴打交道 R
    b. 靠工作赚钱 M
30. 我感到更满意
    a. 在工作中能做自己想做的事 A
    b. 独自度过闲暇时间 L
31. 我感到更满意
    a. 在工作中能做自己想做的事 A
    b. 投入实际的工作中 N

32. 我感到更满意

a. 靠工作赚钱 M

b. 和家人在一起 F

33. 我感到更满意

a. 与工作伙伴打交道 R

b. 在工作中能做自己想做的事 A

34. 我感到更满意

a. 靠工作赚钱 M

b. 独自度过闲暇时间 L

35. 我感到更满意

a. 获得想要的职位 S

b. 靠工作赚钱 M

36. 我感到更满意

a. 投入实际的工作中 N

b. 和家人在一起 F

37. 我感到更满意

a. 与工作伙伴打交道 R

b. 投入实际的工作中 N

38. 我感到更满意

a. 获得想要的职位 S

b. 在工作中能做自己想做的事 A

39. 我感到更满意

a. 在工作中能做自己想做的事 A

b. 靠工作赚钱 M

40. 我感到更满意

a. 靠工作赚钱 M

b. 投入实际的工作中 N

41. 我感到更满意

a. 投入实际的工作中 N

b. 独自度过闲暇时间 L

42. 我感到更满意

a. 独自度过闲暇时间 L

b. 和家人在一起 F

测试计分

数一数“成功的”测试中你画线的个数有多少个？再计算“满意的”测试中的个数，然后将两个测试具体的数目和总数填入表3-1中。

表3-1 生活测试计分表

	R	S	A	M	N	L	F
成功							
满意							
总数							

现在，将你的得分转换为下方的生活平衡剖面表（见表

3－2）。表3－2中的大写字母各表示一个维度，其分值范围都是从0分至12分。你可以用符号“×”来标记“成功的”测试的分数，并以0分为起点画一条线。这条线一直延伸到“满意”测试的分数为止。“满意的”测试的分数用“○”来标记。两个测试的分数即使相差一分也极其重要。当然，你有权解释有显著差异的分数是否合理，包括每个维度下面不同测试分数的差异，以及比较不同维度之间分数的差异。请把你全部的总分按照前面的步骤在图表中显示出来，然后你就会看到一条“之”字形的曲线，分数之间的差异一目了然。

表3－2　生活平衡剖面表

平衡												
0　妥协　4					5　满意　8				9　补偿　12			
工作中的人际关系（R）												
0	1	2	3	4	5	6	7	8	9	10	11	12
工作地位（S）												
0	1	2	3	4	5	6	7	8	9	10	11	12
工作的权力（A）												
0	1	2	3	4	5	6	7	8	9	10	11	12
物质奖励（M）												
0	1	2	3	4	5	6	7	8	9	10	11	12
工作的本质（N）												
0	1	2	3	4	5	6	7	8	9	10	11	12
闲暇时间（L）												
0	1	2	3	4	5	6	7	8	9	10	11	12
家庭生活（F）												
0	1	2	3	4	5	6	7	8	9	10	11	12

如何解释你的生活平衡表

生活平衡表能够揭示出你的七个关键生活领域里哪些是和谐的，哪些是失衡的。一般而言，靠近中间的分数表明你在这些生活领域过得比较和谐。

“和谐”这个词有时也可以换成近义词“适应生活”“如意”“安稳”。不管你在哪个关键生活领域过得多么惬意，让你满意的领域都会发生变化，这取决于你在不同情境中如何发现自我，以及如何调节自我。在你清醒地意识到发生在自己身上的事情后，你或许能够有意识地改变自我。

生活中各种外界因素都有可能，也极有可能打破你的和谐生活，但是保持自我平衡是最好的应对方式。正如中国道家倡导的那样——人的生命的终极目标应当是追求天人合一的和谐状态。

假如你的生活平衡表的分数落在“满意”区域内，就说明你已经达到了这个晦涩难懂的境界，也就是实现了你理想中没有任何矛盾冲突的和谐状态。

当你扪心自问“我快乐吗”时，请听从内心深处的声音之后再回答。如果你不是真的快乐，就说明你在完成测试的时候欺骗了自己，你在潜意识中选择的那个答案正是你拒绝面对的生活领域，而你可能对此完全不自知。

还有另外一种可能性：通过完成测试，你已经审视了自己关键的生活领域，一些被你忽略的极其微小的事情也浮出了水面。这些小事得到了你前所未有的关注，你真正意识到它们比你之前预想的重要。你发现之前和谐的生活只是一层伪装，于是你的生活再一次被打破了平衡。

如若不然，你已经选择了继续前进。当你在完成测试的过程中，你正在思索这些问题。因此，你更加深刻地了解到哪些生活领域应该改善，甚至改变。

人类总是不满足。在生活中，我们不断地努力想要实现某个目标——精神方面、肉体方面、社交方面或心灵方面。假如我们成功地实现了目标，就拥有了成功人士的满足感。然而，这种满足感是转瞬即逝的，我们很快就又开始想要实现其他的目标了。

心理学家威尔·舒尔茨（Will Schutz）在一篇文章中发表了他的观点。他认为，追求本身就是一种愉悦体验，这仅仅是因为我们意识到自己的潜能并把它发挥到极致。“作为人类，我的最终目的是要过上愉悦的生活。愉悦的感觉就是我发挥了自己所有的潜能——我的思维和感受能力、我的感官、我的身体和我的精神，竭尽所能。假如我的自我受到限制，没有发挥潜能，我会感到沮丧。”[出自《深奥的极简主义》(*Profound Simplicity*）一书，该书于 1979 年出版。] 总之，对和谐生活的追求，保持平衡的状态是我们生活的目的。如果我们自问对生活心满意足，而实际的感受却不和谐，我们就是在自欺欺人，没有“竭尽全力地”活着。

满意

请你看着平衡或“满意”区域之外的分数。分数落在这些区域表示你心怀不满，可能还会抱有抵触的情绪。

生活平衡测试的基本原则是，只要我愿意，我就能改变我的生活。我们首先必须要有意识地从心理层面找到自我。

当困难阻碍我们做出改变时，只要我们有意识地去检视它们，很多困难就都会迎刃而解。一旦困难被掩埋或抑制，往往会变成人们的恐惧地带，与困难真正的本质背道而驰。事实上，使我们裹足不前的，是我们对于困难的恐惧，而不是困难本身。

生活平衡测试假设每个人都有充沛的精力去追求幸福。在这个富有活力的过程中，努力可以任你自由发挥。这取决于在生活的不同时期，哪些事情对你而言是重要的，或者你认为哪些问题是困难的。如果你在生活的某个领域取得成功，就自然会把精力放在这个上面。

同样地，因为你害怕某个领域或者在你认为有困难的生活领域，你可能会选择逃避。如果你在生活的某个领域恰好达到平衡，你的生活就是和谐美好的状态。

不过，这并不意味着生活的境遇一成不变，这是因为人性的本质有一部分来自不满足现状的蠢蠢欲动，所以人们往往会持续关注新的冀望，调整状态继续前行。“和谐”这个词没有对错之分，世界上绝对不存在外在的道德标准规定和谐是什么、和谐应该是什么状态。最重要的是，和谐就是你用身体、思维和精神感受到你实现了自己渴求的梦想。

妥协

造成你在生活中的一些关键领域中妥协的，可能是下面几个原因。为了厘清你遇到的状况，你也可以在后面添加你认为更恰当的理由：

- 你在这些领域缺乏真正的机会；
- 你已经辞职；
- 经过慎重考虑，你已经决定在这些领域内不再努力；
- 你没有意识到或者否认事情的重要性；
- ______________________________。

补偿

由于你在某些领域不尽如人意，因此你的得分可能落在补偿区域。下面列出了一些你安慰自己的理由，不过你也可以添加自己的观点，毕竟这些理由会让你更清楚自己的处境：

- 我无能为力；
- 别人对我抱有期望；
- 别人非常尊重（或尊敬）我；
- 我必须把这件事做好，因为我不擅长做其他事情；
- ______________________________。

独一无二的解释

你的性格、遭遇和经历都是独一无二的，所以你的得分也是独一无二的。然而，每个人都有相同的感情、恐惧和动机。正因为如此，我们才有必要在共同情感的基础上给你一些指引。

需要强调的是，我们提供的指引仅供参考，如果你觉得没有效果也可以忽略它。这些指引没有批评的意思，也不带任何指责的意味。人类都是自我欺骗的大师。指责是毫无用处的，但是提升觉察自我的能力总能让你事半功倍。

我们的目的就是解释你的得分，阐明背后的意义，然后让你有意识地改变自我。

改变的第一步是心理层面上自我意识的觉醒，你从中找到了自我。为了成为你想成为的人，你必须知道自己应该从哪里起步！

记住，当你在生活中的某个领域想要取得成就时，你可能会暂时忽略其他领域，这是再自然不过的事情了。事实上，稍微的不满足是有必要的，唯有如此我们才有动力去完成某件事情。尤其是当某件事情特别棘手的时候，我们必须格外地专注。而当你忽略生活中的某个领域时，困难就会变得越来越多，这可能是因为你害怕，或者没有信心，甚至还没有意识到它们正在影响你的生活。

生活平衡测试的得分表明你在某些领域相对没那么成功，如果你忽略生活中的某个领域，你的生活就将会陷入矛盾、妥协、一成不变，还可能会导致你无法适应生活，甚至患上疾病。

现在，是时候解决失衡的生活领域了。承认问题的存在意味着你有能力和意愿去处理矛盾。只有解决了这些问题，你的能力才算是发挥到了极致。一旦你的思想获得解放，就更接近“真实的”自我。如果你因为恐惧而掩盖问题的存在，你的精力就将无从释放。这对你以及对其他人来说都没有任何益处。抑制精力往往会导致厌烦、疲惫、疾病、挫败，或是对他人的愤怒。

自我意识

探究生活不和谐的原因是我们实现目标的必经之路。正是由于我们自己害怕改变，才导致我们屡屡受挫。只要克服内心的恐惧，我们就能清楚地意识到故步自封毫无意义。只有了解自己的恐惧才能获得更大的成功。

每个人都有两面性：现在的自己，以及相信自己可以成为的那个人。我们每个人的使命就是发挥自己的所有潜能，去成为自己想成为的那个人。

害怕变化的恐惧

因为害怕被别人拒绝，或是害怕被别人嘲笑甚至忽视，所以我们常常掩盖“真实的自我”，而恰恰是这些恐惧阻碍了我们。如果因此而使我们没有发挥出自己的潜能，那我们自己就是罪魁祸首。我们时常扮演受害者的角色，口口声声指责别人是绊脚石，但实际上我们自己才是绊脚石。这个真相显然很难让人接受。

如果我们无法成为自己想成为的人，就总会为自己找许多理由。这样做的后果只会让我们停滞不前，最终自暴自弃。责怪他人的过失当然容易，可事实上是我们害怕去尝试。

归根到底，只有一个办法：全力以赴地去做我们想做的事，去成为我们想成为的人。那时，你将发现，别人最喜欢这样的你。

成功 vs 满意

不管你的得分是多少，也不管你的得分是落在妥协区域，还是落在满意或补偿区域，最重要的是扪心自问：为什么我的得分会不一样？例如，如果我在成功测试的得分高于满意测试的得分，那么这能否解释我所做的事情不能让我开心？不开心意味着我不喜欢这件事情吗？同样地，如果我在满意测试的得分高于成功测试的得分，那么这能否说明我为没有去做自己喜欢做的事情而沮丧？如果事情令我感觉压抑，那么我是否会去做一些我原本不喜欢的事情？

补偿 vs 妥协

或许你已经知晓自己早已对放弃的生活领域做过补偿；或许你否认对这些领域真实的感受，甚至为此感到内疚；或许你还没有意识到自己真实的感受。换句话说，你可能怀有矛盾或内疚的情绪，可是它们常常被你忽略。尽管生活感觉空洞，但是你仍然假装自己过得很满意，其实在你的内心深处，你过得不尽如人意。

冲突

在测试中，你可能在某些项目中获得高分，这说明你在这些生活领域是和谐的，而在其他项目获得低分，则表明你为了和谐的生活领域做出了牺牲。如果是真的，那么你在做出牺牲之前是否真的想清楚了呢？它们是否隐藏了你真实的情绪，虽然你被内心的情绪牵引做出了牺牲，可是你却说不清到底是什么情绪？否认代表着被隐藏、被压抑的情绪，抑或是内心的愧疚和冲突。矛盾的是，人们越是否认生活中某些方面的重要性，冲突就越容易深深地扎根于潜意识中。

一旦情感和理智分裂，冲突就会产生。举个例子，当一个人怀有某种情感，可是理智却告诉他不应该这样时，他很可能无法判断感情和理智哪个正确，哪个愚蠢。不过，人们往往错信自己的情感会被别人拒绝。

假如一个人对他的孩子感到愤恨，那么问题不在于孩子本身有没有做错事，而是大人在理智上觉得自己应该是一个负责任的家长，他为自己的愤恨而感到愧疚。这种情境自然产生了矛盾的情感。为了摆脱这种痛苦的情感，人们常会去责备孩子。

情绪的影响

请你问一问自己：你对现有的状况感到满意吗？那些使你妥协的领域还将存在多久？当你对自己生活中某些方面感觉没那么满意，而且直到现在你还不知道或被忽略的那些方面，它们对你产生了什么影响？

顽固

如果你解决不了矛盾，就可能会选择遗忘。你把矛盾保存在潜意识中，或者干脆将它隐藏起来。但是被压抑的情感绝不会凭空消失。事实上，你越是尝试不去触碰它，它越是以不经意的方式影响你、改变你。举个例子，为了摆脱被压抑的矛盾，你可能和大多数人一样，采取一种刻板的态度或行为模式去应对。

再说得具体一些，例如，你因为没有赚到更多的钱而感到羞愧。在这种情况下，人们可能会说服自己，责怪别人比自己赚到更多的钱。人们往往会准备一套合乎自己逻辑的说辞，批判金钱至上。然而，这种想法完全建立在被压抑的情感之上，而当事人并没有察觉，所以他会表现出来与内心完全相反的情感。

防御机制

心理的防御机制就是为了解决感情与理智之间的冲突。心理学家归纳了几种防御机制，其中一种被称作“拒绝”，也叫“替代”。它是指无法对自己发泄的情感转移到别人身上的过程。你可能会因为错失机会而指责别人，或是把自己当作事件的受害者。你坚信自己的成功或失败无论在哪里都能帮到别人，你甚至还会利用别人来补偿自己的失败。

防御机制的作用就是把愧疚、恐惧、羞耻或尴尬从自己身上转移给别人。

恐惧

你能觉察自己的情绪吗？举个例子，当你坦言“缺乏机会”“它对我没那么重要”时，真相却是你在潜意识里没有为自己争取机会，或者它确实重要可你不愿意承认。假如你选择改变，就会对将来的事情感到担惊受怕。因此，恐惧的产生源于拒绝情绪的存在。

在生活的某些领域中，如果有人没有信心去追求自己的目标，我们通常就会鼓励他在实践中克服恐惧，即通过实现一个个小目标，或者去挑战他认为最困难的事情。后者“不成功便成仁”的方法能够奏效，但是也存在风险，倘若一个人因为害怕而没有全力以赴或敷衍了事，他也许就不会再尝试了。

自我欺骗

除了解决冲突、矛盾之外，我们还可以先来分析冲突从何而来。这其实是一种分析方法。当人们通过自己的情绪行为和行事风格来反思自己的成功时，这种洞察力就自然而然地产生了。一旦了解隐藏在心底的自我欺骗，你就能解开内心被压抑的冲突，并能客观地解决这些矛盾。

了解自我欺骗就是去了解你的情绪行为和行事风格。为什么你会在生活中的某些方面妥协？当别人都觉得你能行时，为什么偏偏你觉得自己不行呢？可能你还没有意识到，即使自己并没有冒险去证明自己，也同样会得到别人的注意。

自我欺骗并不容易，但是不妨假设你能从自我欺骗中得到某种好处，也许是在潜意识里拒绝生活中的某些事情。你能从停滞不前或者未实现的抱负中得到什么呢？你极有可能有意或无意地进行合理化，使自己在心理上得到安慰，从而继续保持自己的情绪行为和行事风格。我们通常把它称为“负面的收获”“虚假的朋友”或“应急措施”，因为你努力说服自己无济于事。下面列出几种常见的自我欺骗：

- 如果我不参与，别人就会更喜欢我；
- 我不愿意出风头；
- 虽然我想改变，但是别人还是喜欢我原来的样子；
- 我最终会得到回报；
- 我这样会得到别人的同情；
- 别人不指望我出力。

自我欺骗的特点是让人暂时得到解脱和安慰。这种心理机制通常可以持续很多年，与之相关的念头会一直萦绕心头。它们的力量毕竟太薄弱，无法帮人消除恐惧或解决冲突。慢慢累积的自我欺骗就像深不见底的深渊，永远不可能填满。

工作中的人际关系

接下来的内容涵盖你对工作中（并非家庭中）重要人际关系的满意度。总之，工作中的人际关系包括你和同事、下属、客户或上级领导，而不包括你和家人朋友的关系。

人际关系补偿区域得分范围 9～12 分

你对自己在这个领域的成就感到十分满意。这个结果令人满意，除非你觉得花费了太多精力去维持人际关系，或觉得自己没有必要付出个人代价这样做。

请你问一问自己：你耗费时间精力去建立和维持工作中的人际关系是否令你忽略了生活中的其他方面呢？当你看重工作中的人际关系时，你可能会给自己一个忽略的理由，甚至不去面对，以至于你在生活中的其他方面采取了妥协的态度，如果你是这样想的，你可以从生活平衡测试计分表（见表3－1）中查看得分结果。

有些人可能在社交上十分活跃，但是对自己的人际关系仍然不满意，所以他们会越发努力地扩大交际圈。相反地，有些人对自己的人际关系相当满意，但是他们的性格并不像别人描述的那样“乐于社交”。

请思考一下你的个人处境。你重视人际关系是出于恐惧吗？如果你不能维持工作中的人际关系，你会担心将来的事情吗？

你如此看重工作中的人际关系，肯定有自己的想法。思考一下，是什么原因驱使你这样做。

听听别人聊聊他们的感受，有时可以更深入地了解他们的处境，从而让你更清楚自己的感受。以下是一些恐惧和拿别人当借口的例子。请选择符合你的描述，你也可以填入符合你的选项：

- 别人不会丢下我一个人；
- 总是我去找别人，他们不会找我；

- 如果我不花时间陪别人，别人就会觉得我不重要；
- 他们参加活动需要帮助。

你能列出自己的其他理由吗？请写下来。

____

____

你满意自己找的理由吗？还有没有和这些相似的理由呢？

人际关系妥协区域得分范围 0～4 分

在你完成生活平衡测试时，你是否在思索着目前某段重要且有意义的人际关系，或是思考所有的人际关系呢？你感觉自己在这个领域毫无成就感。你可能会承认这一点，但是你确定会告诉自己真相吗？

在这个领域没有成就感归结于许多原因：也许是因为你没有机会建立或保持工作中的人际关系；也许是因为你认为这段关系根本不值得去经营；也许是因为你觉得生活中的其他领域足以补偿你在这一领域的失意。

当然，还有其他可能性。你试图改变这个领域的人际关系，但是可能苦于找不到方法而无从下手。那么你不妨问问自己：为什么你会在这个领域令自己停滞不前呢？在工作中与人保持疏离，这样做对你有什么益处呢？你是否害怕与人亲近？你需要反省："为什么我不去改变一下，让事情朝更好的方向发展呢？"

无论是有意还是无意，假设你满足于现有的人际关系，那么在生活中的这个领域，你凭借“停滞不前”实现了哪些梦想呢？

你为什么对工作中的人际关系不上心？你可能有自己的感受。思考一下，是什么原因驱使你这么做。

听听别人聊聊他们的感受，有时可以更深入地了解他们的处境，从而让你更清楚自己的感受。以下是一些恐惧和拿别人当借口的例子：

- 我没必要自寻烦恼；
- 别人对我不抱有期待；
- 我还有其他更重要的事情要做；
- 别人可能不接纳我；
- 别人更愿意和我保持距离，如果有必要，他们就会主动开口；
- 我不应该欺骗自己；
- 我总是被忽略。

你能列出自己的其他理由吗？请写下来。

____

____

你觉得以上哪些想法或者全部想法属于自我欺骗呢？

工作地位

我们接下来要讨论的是你对自己地位的感受，这个地位对你个人而言非常重要，它既不是别人的地位，也不是社会地位。有“地位”的人通常被认为是重要人物，和“资深”及“高层”是同义词。在这里，“地位”指的是层次或职位对于你的意义。

工作地位补偿区域得分范围 9～12 分

你觉得自己已经拥有了一个梦寐以求的职位，它对你来说再适合不过了。你需要问一问自己：“我守住这个职位容易吗？”工作地位对你来说重要吗？你需要付出额外的努力去守住它吗？如果工作地位是自我价值的体现，那么你在生活中的其他领域可能会不太顺利。不妨花一些时间回顾你的测试结果中哪些维度的得分落在补偿区域，审视自己为了追求现在的工作地位，忽略或遗漏了生活中的哪些方面？

你是否过分追求工作地位呢？如果是，你是否担心失去地位呢？譬如，把注意力转移到其他方面会让你感觉受到威胁吗？于是你安慰自己宁愿守住职位，也不愿意冒险失去它。这样做不仅可以让你给自己一个合理的借口，也能消除内心的矛盾，因为你试图说服自己不值得去冒险。你如此重视自己的工作地位当然有自己的想法，不妨思考一下，是什么原因驱使你这么做的。

听听别人聊聊他们的感受，有时可以更深入地了解他们的处境，从而让你更清楚自己的感受。以下是一些恐惧和拿别人当借口的例子：

- 如果我没有价值，别人就会忽略我；
- 别人没有我的帮助就不能解决问题；
- 如果我不在这个职位，别人就会忽视我的存在；
- 我必须处于这个位置上，别人需要我。

你能列出自己的其他理由吗？请写下来。

____

____

工作地位妥协区域得分范围 0～4 分

工作地位在你眼里并不重要，也有可能你没有获得心目中的理想职位。这完全取决于你的决定。你一边安慰自己在这个方面没有机会，一边停滞不前。例如，你在某方面缺乏自信，因为担心失败所以望而却步。失败的可能性给了你一个不去尝试的现成借口！

你觉得生活中其他方面的成就可以弥补自己在工作中的失意。

问一问自己“安于现状能给我带来怎样的满足感”，可以帮助你洞察自己潜藏的动机。换句话说，你不愿意通过改变现状去获得成功。

为什么你不看重工作地位呢？你可能有自己的想法。思考一下，是什么原因驱使你这样做的。

听听别人聊聊他们的感受，有时可以更深入地了解他们的处境，从而让你更清楚自己的感受。以下是一些恐惧和拿别人当借口的例子：

- 别人更喜欢我保持谦虚；
- 如果我不勇往直前，我就会被忽略；
- 如果我把自己摆在第一位，这对别人来说就不公平；
- 我假装地位对我来说不太重要；
- 我应该给别人一次机会。

你能列出自己的其他理由吗？请写下来。

____

____

你对这些理由真的满意吗？你有没有欺骗自己呢？

工作的权力

这个维度表示在工作的职位范围内你可以行使多大的权力。它包括两方面：一是自力更生或者自我决断的威信；二是指使他人的权力或对他人的影响力。有些人认为自己掌握权力，所以没人能够控制他们，但是也有人觉得自己是因为当了领导才有权力。

权力补偿区域得分范围 9～12 分

你拥有自己渴望的权力，但是为了获得这个权力，你是否牺牲了生活中的其他方面？你对权力的渴望如何影响你做出妥协，尤其是在测试中的那些领域？

在某种程度上，你是否因为害怕失去权力而紧抓不放？你拥有权力是为了给自己一个理由不去面对生活中那些艰难的方面吗？根据测试结果，你做出妥协的那些生活领域能否帮你回答最后一个问题呢？

你为什么如此重视工作的权力，当然有你自己的想法。思考一下，究竟是什么原因驱使你这样做的。

听听别人聊聊他们的感受，有时可以更深入地了解他们的处境，从而让你更清楚自己的感受。以下是一些恐惧和拿别人当借口的例子：

- 我必须照顾别人，他们没办法照顾好自己；
- 别人总问我他们应该做什么；
- 如果我不能控制事态的发展，就浑身不自在；
- 如果我不掌控，别人就会不尊重我；
- 我用自己的方式去帮助别人。

你能列出自己的其他理由吗？请写下来。

____

____

这些是真实的理由，还是自我欺骗呢？

权力妥协区域得分范围 0～4 分

你不太看重工作中的权力。放弃权力反而让你有机会专注生活中的其他方面。你可以参看生活平衡剖面表（见表 3-2）中的补偿领域。

也许还有另外一种可能性——这个得分说明你渴望权力，但是目前还没有拥有。如果是这样，你就要问自己为什么。是因为你害怕承担责任吗？你害怕操控别人吗？还是害怕操控自己的人生呢？对你来说，掌握权力意味着威胁，所以你才尽力回避它吗？有时候人们不愿意操控别人，因为他们害怕一旦失去权力，就会一同失去尊重和控制权，所以他们认为拥有权力是一件丢脸的事情。为什么你如此轻视工作权力当然有你自己的理由。思考一下，是什么原因驱使你这样做的。

听听别人聊聊他们的感受，有时可以更深入地了解他们的处境，从而让你更清楚自己的感受。以下是一些恐惧和拿别人当借口的例子：

- 假如我掌控权力一意孤行，别人就会不喜欢我；
- 别人可能不会让我做主；
- 我宁愿别人告诉我应该怎么做；
- 掌控权力让我看上去傻乎乎的；
- 我不够老练，或是我不够聪明；

- 如果我没有权力，那么我做错事情也不会被责备；
- 我绝不想去弄清我是否真的胜任那些我假装在行的事情。

你能列出自己的其他理由吗？请写下来。

____

____

你对这些理由感到满意吗？

物质奖励

这个维度表示你从工作中获得物质的满意度，也就是说，你通过付出劳动而获得的收入和其他金融收益。它并不是计算你最终的绝对的收入，而是了解你对目前工作物质奖励的满意程度如何。

物质奖励补偿区域得分范围 9～12 分

你对自己的薪水感到很满意，甚至超出你实际需要的程度。你可能会觉得赚到的钱多过自己付出的劳动，或仅仅认为你的收入足以满足你的期望。

金钱是一种强大的刺激物，既能增强动机，也能弱化动机，但通常是前者在发生作用。你的测试结果表明，对金钱的渴望使你较少关注生活中的其他方面。为了物质上的成功，哪些领域与你“擦肩而过”呢？

为了将来能拥有时间、机会或物质去做自己想做的事情，人们往往追求金钱，并为此做出牺牲。心理学家把这种现象称为“延迟满足”（delayed gratification）。你可以问一问自己是否专注于某个领域的成就（在这里指的是物质奖励）而延迟了其他方面的满足。

你为什么如此重视物质的奖励当然有你自己的想法。思考一下，究竟是什么原因驱使你这样做的。

听听别人聊聊他们的感受，有时可以更深入地了解他们的处境，从而让你更清楚自己的感受。以下是一些恐惧和拿别人当借口的例子：

- 我不需要别人还我人情；
- 我是在为别人赚钱，而不是为自己赚钱；
- 别人对我有所期待；
- 物质奖励只是工作带来的报酬。

你能列出自己的其他理由吗？请写下来。

____

____

你对这些理由感到满意吗？

物质奖励妥协区域得分范围 0～4 分

你视金钱为粪土或者你假装不在乎金钱，也可能你没有达到自己渴望的收入水平。如果你是后者，你是为了其他更有价值的事情而有意放弃对金钱的追求吗？请你仔细检查测试结果，看看你做出妥协的那些领域是否属于这种情况。

如果你确实不满意生活中的这些方面，并做出了妥协，不妨问问自己“为什么”，以及“我得到了什么”。你是出于恐惧才妥协的吗？

你为什么如此轻视物质的奖励当然有你自己的想法。思考一下，究竟是什么原因驱使你这样做的。

听听别人聊聊他们的感受，有时可以更深入地了解他们的处境，从而让你更清楚自己的感受。以下是一些恐惧和拿别人当借口的例子：

- 我不想让别人以为我是一个金钱至上的人；
- 金钱让我难堪；
- 如果我赚不到钱，就会觉得很丢人；
- 我还想赚更多的钱，可是我需要花时间和别人相处；
- 假如我赚到更多的钱，别人可能就会不喜欢我；
- 我本人比薪水更有价值，所以我会让别人做主。

你能列出自己的其他理由吗？请写下来。

___

___

你对这些理由满意吗？或者有没有类似的理由？如果答案是肯定的，你就会逐渐意识到自己在自欺欺人。消除自我欺骗才是这个测试的最终目的！

工作的本质

这个维度表示你从工作中获得的满足感（包括你的工作职责和工作表现），而不是去考虑你在工作中和谁打交道，你掌控多大权力，或者你的薪水是多少。

工作的本质补偿区域得分范围 9～12 分

你对自己的工作相当满意。为了工作，你甚至可以牺牲生活的其他方面。你可以在测试结果中查看具体是哪些方面。

你是否因为在工作中投入了大量的精力所以才会在其他方面做出妥协呢？

在你眼里，工作是有价值的，但这会不会成为你在其他方面不得志的借口呢？

你为什么如此重视工作当然有你自己的想法。思考一下，究竟是什么原因驱使你这样做的。

听听别人聊聊他们的感受，有时可以更深入地了解他们的处境，从而让你更清楚自己的感受。以下是一些恐惧和拿别人当借口的例子：

- 我必须做这份工作，因为别人做不了；
- 我可以帮助别人做他们自己做不来的事情；
- 我没有必要在所有方面都拼尽全力；
- 如果我在工作中快乐，别人也会快乐；
- 我随时可以为别人牺牲。

你能列出自己的其他理由吗？请写下来。

____

____

你满意自己给出的理由吗？

工作的本质妥协区域得分范围 0～4 分

你不满意自己的工作性质。目前你所做的事情可能不是你真正想从事的工作。你之所以能忍受它，是因为你从其他方面获得成就感吗？如果是这样的，请你具体看看自己生活平衡剖面表中那些妥协的领域。

你是否担心一旦改变工作性质，就会打破生活其他方面的平衡呢？如果你有这些担忧，就会给自己一个现成的理由不去改变自己的工作，并且把责任推卸到别人身上。

你会推迟、拖延或逃避自己想做的事情吗？当你在这个领域中不能逃避，必须努力实现自我的时候，你会感觉压力重重吗？你可能会想象别人指望你“坚持下去”，而且利用别人当借口，而不去改变。不妨问问自己，是否把这些想法归因于别人，但别人并不是真的那样想的呢？

你为什么如此轻视工作，当然有你自己的想法。思考一下，究竟是什么原因驱使你这样做的。

听听别人聊聊他们的感受，有时可以更深入地了解他们的处境，从而让你更清楚自己的感受。以下是一些恐惧和拿别人当借口的例子：

- 我的工作无关紧要；
- 我最终会如愿以偿；
- 我愿意为别人做牺牲；
- 无私是一种美德；
- 我宁愿别人差遣我做事；
- 改变永远不会太迟。

你能列出自己的其他理由吗？请写下来。

____

____

你满意自己给出的理由吗？

闲暇时间

这一维度考察的是你从闲暇时间获得的满意度。它包括你的爱好、运动和其他活动，或者是与工作无关以及暂时远离家人的兴趣。闲暇时间就是你可以自由支配的私人时间。

闲暇时间补偿区域范围 9～12 分

从闲暇时间获得满足感对你意义非凡。业余活动让你感觉自己更成功，远远胜过在生活中做出妥协的领域。那些领域的失意可以归结于缺乏机会、动机或成就感，所以才会令你从业余爱好中弥补缺憾。

扪心自问，你有没有把闲暇时间的成就感当作逃避的一种方式呢？或者借此否认生活中其他领域的重要性呢？这也许是因为你害怕直接面对它们。譬如，你认为自己无法获得权力或理想中的职位，所以你安慰自己权力和职位于你没有真正的意义。

若想弄清楚其他领域对你是否真的重要，可以问一问自己："我对那些在其他领域获得成功的人吹毛求疵吗？"问类似的问题能帮助你厘清内心隐藏着的压抑、拒绝或冲突。

在你眼里，闲暇时间是一个让你极为满足的生活领域，所以你总想投入更多的精力。当然，也有另外一种可能性：你只是利用业余爱好来补偿生活中的其他领域，其实是你害怕在那些领域做出改变。

你为什么如此重视闲暇时间当然有你自己的想法。思考一下，究竟是什么原因驱使你这样做的。

听听别人聊聊他们的感受，有时可以更深入地了解他们的处境，从而让你更清楚自己的感受。以下是一些恐惧和拿别人当借口的例子：

- 人们应该为别人多着想；
- 无私是一种美德；
- 物质上的成功对我毫无意义；
- 我从来不像别人那样走运。

你能列出自己的其他理由吗？请写下来。

____

____

这些是真实的理由吗？还是你为自己开脱的理由？

闲暇时间妥协区域得分范围 0～4 分

你对业余爱好这个领域不抱太大期望，因为其他领域比它重要得多。在当代世界，业余爱好几乎与生存无关。由于生活压力，人们通常会首先放弃业余爱好。业余消遣、紧张忙碌的闲暇和追求爱好都需要全身心投入、消磨时间，它对人的生存没有半点意义。

人们常常忽略闲暇这个领域。当人们有机会安排自己的闲暇时，他们也会把时间延后，甚至推迟到退休以后才去投身自己的业余爱好。还有另一种可能性：你认为闲暇比生活中其他领域更重要。因为各种原因，你过去一直没有机会去支配自己的闲暇时间。你为什么如此轻视闲暇时间，当然有你自己的想法。思考一下，究竟是什么原因驱使你这样做的。

听听别人聊聊他们的感受，有时可以更深入地了解他们的处境，从而让你更清楚自己的感受。以下是一些恐惧和拿别人当借口的例子：

- 别人的事情必须放在第一位；
- 我当不了成功人士；
- 我没时间；
- 别人不指望我能在这个领域花时间。如果我做了，就会令他们失望；
- 我不被允许做我想做的事情；
- 我害怕出丑。

你还能列出自己的其他理由吗？请写下来。

____

____

以上哪些想法多少带点自我欺骗的意味？

家庭生活

这一维度涉及你对自己家庭生活的满意度。在这里，家庭包括了与你关系最亲密的人。他们可以是你的亲人，或是情感上、法律上的伴侣。

家庭生活补偿区域得分范围 9～12 分

你在这个领域拥有极大的成就感。你很享受这样的生活方式。但是看看自己补偿区域的得分，请你思考：你是否因为在生活中其他领域缺乏成就感才会如此呢？你的家庭生活是否弥补了你在其他领域的失意？

当然，也有可能你对家庭生活很满意，可矛盾的是，你没有成家或者也不想成家。如果是这个原因，你的得分就可能不会很高。最有可能的情况是，你已经成家，而且这个家对你来说很重要。

有一个值得思考的问题：你在家庭生活中的付出是否阻碍了你在其他领域的发展呢？假如你对自己的家庭生活十分自信，那么这会不会成为一个现成的借口，令你不去其他领域尝试呢？比起你在家庭生活中得心应手，这些领域对你来说更多的是一个威胁。

你为什么如此重视家庭生活，当然有你自己的想法。思考一下，究竟是什么原因驱使你这样做的。

听听别人聊聊他们的感受，有时可以更深入地了解他们的处境，从而让你更清楚自己的感受。以下是一些恐惧和拿别人当借口的例子：

- 如果我用心照顾家人，就没时间去管其他事情；

- 我觉得别人的价值观是错误的；
- 我一无所长；
- 要是没有我，我的家人就绝对办不成事；
- 我有责任照顾家人。

你还能列出自己的其他理由吗？请写下来。

____

____

你还有其他类似的理由吗？哪些理由是源于你的自我欺骗呢？

家庭生活妥协区域得分范围 0～4 分

你在这一维度上的得分很低，表明你没有家庭生活，或者这个领域对你来说并不重要。然而，这个得分也意味着生活中其他领域影响了你从家庭生活中获得幸福感。如果是这样，你放弃了自己的家庭生活以换取其他领域的成功，所以你才会放弃家庭生活这个领域。

你把家庭生活看作一个必要且短暂的领域。比如，人们经常口口声声说等自己赚够了钱才会结婚，或者坐到了某个位置才有能力养家。

拒绝从家庭生活中获得满足感反映出你内心的冲突。也许是你害怕被别人拒绝，害怕情感羁绊或害怕依赖别人。与他人的亲密关系使你感到不寒而栗。

你为什么如此轻视家庭生活，当然有你自己的想法。思考一下，究竟是什么原因驱使你这样做的。

听听别人聊聊他们的感受，有时可以更深入地了解他们的处境，从而让你更清楚自己的感受。以下是一些恐惧和拿别人当借口的例子：

- 我应付不了一个家；
- 家人不需要我；
- 我不够有魅力；
- 我不需要成家；
- 为了弥补遗憾，我用其他方式供养或帮助他人；
- 我是家庭中的失败者；
- 别人对我毫无吸引力；
- 家人必须自食其力。

你还能列出自己的其他理由吗？请写下来。

____

____

哪些是真实的理由，哪些是自我欺骗呢？是哪种恐惧令你有这样的想法？记住：我们做这个练习的目的就是为了克服自我欺骗！

生活平衡发展练习题

第一部分：此时此刻我在哪里

人们永无止境地追求平衡和谐的生活。我们的抱负、兴趣和需要不断地发展变化，充满活力。

然而，失衡的状态在某种程度上持续变化得更加强烈。这很有可能是因为人们出于各种各样的原因无法调和生活中的基本领域。事实上，当我们过度补偿相对失败的领域时，情况往往会变得越糟糕。但即使人们目前生活处于平衡的状态，内外因素的动力系统也意味着相对和谐的生活状态只是暂时的。

因此，生活平衡剖面表只能帮助你了解此时此刻你在哪里：你此时此刻在哪些领域做出了妥协和补偿；你的生活状态是否平衡。然而，这些情况随时都在发生着变化。

基于你头脑中不断涌现的动力，本部分专门设计的练习不仅能帮助你了解此时此刻你在哪里，还能带你去往理想之地。尽管你的抱负也能令你朝着成功迈进，但是通过练习到达理想的彼岸，你不仅能收获成就感和满足感，还能掌控自己的人生！

生活平衡测试的基本原则建立在持续变化的基础之上，所以它可以用来审视你如何一步步地接近成功和如意的人生。本书的价值就是助你一臂之力，使你掌好人生之舵。

财务无忧好轻松

想象一下，你突然得到一笔令你一生无忧的收入！姑且想象这笔钱最有可能是你身边的亲人、远房亲戚、朋友或只有一面之缘的某个人的遗产。

令人遗憾的是，现实中没有这笔巨款的存在！你没有成为你想象中那个肆意挥霍的亿万富翁。相反，为了努力维持现有的生活水准，你的收入仅仅足够应付手头上或将来可能出现的财务危机。财务自由意味着你目前没有任何债务，能置换车辆和随时支付保养房屋、购买食物和每年度假的费用。

现在请你放松下来，想象你的财务实现了自由。当你捕捉到这种心情，请让自己沉浸其中 5 ～ 10 分钟，让你的思绪在全新的内心世界中自由徜徉。你生活的方方面面都起了奇妙的变化：你的工作、家庭生活、爱好和日常生活。

你可能没有感觉到任何变化。你也许已经享受财务自由带来的安全感，所以想象不出来有任何真正的变化。这种感觉其实也不错。你一方面享受着财务上的安全感，一方面仍然拼命争取“更多的安全感”，免遭疾病或裁员的威胁。糟糕的是，直到现在，你仍然没有感受到财务上的安全感！无论你身处何种情境，想一想这些从中找到自我的崭新体验。

在你想象的画面还没有消失之前，请你先来完成练习 1（见表 3 - 3）。你生活中的七大领域位于表格中的第一列。仔细思考一下，你在这些领域有没有出现变化或者不同，请把它们写在第二列。例如，可能的变化可以像这样写：工作性质——减少加班；家庭生活——多花点时间陪伴家人；闲暇时间——重新开始打高尔夫球……

第三列是记录这些变化的趋势。用加号（+）表示现在你做出妥协的区域，而用减号（-）表示现在你做出补偿的区域。

练习 1 能够帮助你回忆与生活七大领域有关的生活平衡测试分析，这是对你最有意义的学习。

注意：如果你已经完成了第 1 章和（或）第 2 章的练习，现在就是你回顾自己在生活中七个领域结果的大好时机。思考你回顾的内容，然后填写下面的练习表格。

表 3 - 3　　练习 1

领域	可能的变化	花费的精力或时间（+ 或 - ）
工作中的人际关系		
工作地位		
工作的权力		
物质奖励		
工作的本质		
闲暇时间		
家庭生活		

烦恼一扫光

与练习 1 描述的情况一样，当你不得不“陷入”某种情境时，你必须想象出完全不同的局面。在你想象的时候，你需要独处和时间。

假设你现在是一个临终的病人。你的医生突然告诉你，虽然你的身体功能一切照常，外表看上去也出奇的健康，但是你的寿命只剩下两三年。

首先，试着想象你听到这个消息时的画面。由你自己来决定得了什么病——无论是什么，都没有关系。一旦你开始消化这个消息，就请把注意力放在如何改变你的生活上。当你身处这样的情境，你告诉自己必须做出改变。

幸运的是，你有足够的时间去做出有意义的改变。你不需要在短短几个星期内为了遗嘱和保险之类的事情奔波忙碌。把焦点放在你生活的关键领域上——你的事业、家庭、业余爱好和你的时间。思考为了完成每一个领域，你可以如何调整，实现重新平衡。你决定在哪些方面花更多的时间，或者花更少的时间？思考这个让你感觉舒适自在的全新的局面。

正如你完成练习 1 一样，把生活中七大领域可能的变化写在练习 2（见表 3－4）的第二列中。示例可以参考练习 1 的例子。其他领域可以像这样写：工作地位——别去管什么地位；工作权力——移交权力。

表3-4　　练习2

领域	可能的变化	花费的精力或时间（+或-）
工作中的人际关系		
工作地位		
工作的权力		
物质奖励		
工作的本质		
闲暇时间		
家庭生活		

无惧飞翔

通过之前的想象练习，你已经知道如何在头脑中设置场景，所以现在我们可以省略这一步。假设你现在没有任何不同寻常的恐惧感。当然，如果有人拿着斧头追你，你仍然会选择逃跑或战斗，只是那种日复一日的担心和焦虑消失了。所有的事情已经发生并且结束，没有什么值得担心。将来发生的事情总会来的，为什么我们现在就要担心呢？

日常生活中的哪类事情曾经让你担忧和焦虑呢？你是否有那种不能胜任自己曾经受挫的事情？抛开过去，现在的你是全新的自我，你有能力也有自信去认识过去。你也许在乎别人（包括亲人、朋友、同事）不喜欢自己。抛开束缚，现在全新的你不必在乎别人的看法。因为你成了你想成为的人，你喜欢现在的你。正因为你喜欢自己，所以别人才会喜欢你！

你可能觉得别人不够重视你，但你的确是重要的。你告诉自己是一个做出特别贡献的特别的人。想象自己无所畏惧、随遇而安、无所不能、胸有成竹，沉浸在自我感觉良好的状态中。你做任何触手可及的事情都能成功，你的能力发挥到了极致！

注意：你根据第 1 章练习的结果了解到自己的日常行为模式，并且根据第 2 章的练习结果掌握了自己的职业志向和规划，练习 3（见表 3－5）能有效帮助你重新思考在这些方面做出哪些改变。

表 3－5　　练习 3

领域	可能的变化	花费的精力或时间（＋或－）
工作中的人际关系		
工作地位		
工作的权力		
物质奖励		
工作的本质		
闲暇时间		
家庭生活		

第二部分："理想我"

在第一部分生活平衡发展练习中，你通过三个不同假设的情境检视自我。借助这三个不同的角度，你回顾了生活中的七大领域，注意你想要改变平衡以适应改变的环境。下面列出了一些重要的问题：

- 有哪些改变是你现在必须做的？
- 你真的需要金钱带来的安全感吗？还是你觉得如此呢？

• 你的恐惧是否阻碍了你挖掘全新的潜能？

在这一部分，你必须回答这些问题。

为了创建一个“理想我”（即理想的自我）的模板，你必须查看你的生活平衡测试分析结果，并重新考虑第一部分以及前面几章的练习结果。尤其要注意下面的问题。

1. 成功和满意的得分。如果根据“理想我”（体验到安全感，并且没有不合理的恐惧）打分，分数和现在的分数相差甚远吗？如果是，那么两个分数在哪些方面存在差异？相差几分？
2. 妥协领域。你能够更好理解你做出妥协的原因吗，尤其是在生活中那些失意的方面？请你重读之前测试分析给出的可能性。考虑完这些要点之后，再仔细阅读你做出妥协的那些领域。尝试真诚地面对你内心隐藏的恐惧和自我安慰的借口。
3. 补偿领域。你能够更好理解你拼命补偿的原因吗，尤其是生活中那些让你得意的方面？请你回顾补偿领域的具体描述中给出的例子，这些理由或其他理由符合你的情况吗？

创建一个“理想我”模板

为了完成练习 4（见表 3 - 6），你需要从所有你做过的练习结果中，对比“你是什么样的人”和“你想成为什么样的人”的差异。

逐一思考七大领域，然后在第二列中用简单的词语或词组总结你在该领域目前的状态、情境或者感受。在第三列中，请用词语描述你想成为什么样的人。简单的形容词、名词或动词词组都没有关系。值得注意的是，第二列描述的是你现实中的自我，而第三列描述的是你的“理想我”。

表 3-6 练习 4

领域	现实我	“理想我”
工作中的人际关系		
工作地位		
工作的权力		
物质奖励		
工作的本质		
闲暇时间		
家庭生活		

第三部分：做出改变的行动计划

现在你头脑中已经出现了你想成为什么样的人的画面。那么，是时候把这些想象的画面变成行动和现实了。

目标

第一步，确定具体的目标。

也许你已经把第三列中的描述当作自己的目标，但实际上目标要比这些描述更加充实。目标必须清晰明确、可量化、可衡量，而且实现目标的时间跨度也十分重要。这些科学的取向有助于你厘清目标的实质，从而更容易实现目标。

例如，假设你在练习 4 第三列中对应“工作中的人际关系”一项填写的是“在工作中与同事建立更牢固的关系”，那么从字面上看，你也可以把它当成你的目标。然而，这个目标是可量化的吗？它可以被衡量吗？这个目标究竟什么时候可以达成呢？

如果你希望这个目标变得有意义、行得通和客观，那么你还需要对这个目标下一番功夫。如何才能把这个目标转化为更有意义的目标呢？记住两个关键词：“什么”和“如何”。

你可以问问自己：“如果这个目标实现了，我会有什么不同呢？”你先会看到一系列的具体措施，然后这些画面将指引你如何量化你的目标。在上述的例子中，你可以想象自己一旦实现了目标，同事们自然就会占用你更多的时间（如寻求你的意见、和你分享他们的烦恼等）。这些都是你实现目标可以衡量的具体标准。

你还可以问问自己：“我要如何实现这个目标呢？”接下来，你开始思考你希望与哪些同事共事，或者需要与哪些同事合作。这些同事是在你的部门还是在其他部门？他们是你的同辈、下属还是上司呢？你需要如何做才能稳固你们之间的关系？需要更加积极主动吗？频繁出入对方的办公室算得上牢固关系吗？你所在的部门能帮得上对方的忙吗？需要定期召开会议吗？

现在你知道量化、衡量目标的大致方法，接下来你认为自己需要多长时间把必要的同事“转化”为新的人际关系，并在此基础上制定出时间跨度。

因此，你在这个例子中可以按照以下的方式把自己的目标具体化：

目标：工作中加强与财务部门重要同事的人际关系，以便将来能够更加亲密地合作。

过程：1. 每日进行有关问题的谈话；
2. 为他们提供日常管理信息；
3. 每月召开一次联席会议。

措施：1. 财务部门邀请我参加他们的会议；
2. 财务部门的同事向我咨询意见；
3. 我们组成团队开始工作。

时间跨度：六个月

我的行动计划

练习 5（见表 3 - 7）要求列出你在每个领域中可以做出哪些改变，也就是前面练习 4 中“理想我”与“现实我”的差别。

记住：仔细思考你的目标，然后写出实现目标必须经历的蜕变过程，这才是有价值的目标。简单示例如下：

- 每周五晚上我都把公文包留在办公室；
- 在制定与闲暇时间和家庭有关的目标时，做到“每天傍晚五点半准时离开办公室”；

• 在制定与工作性质有关的目标时，“申请每一个空缺职位”。

如果你发现自己渴望改变的领域和你现在的工作背景有关，那么在完成你的行动计划之前，请仔细回顾你第2章的练习结果。

最重要的是，完成行动计划不是一种速战速决的方案，而是调整生活状态的方式，这才是幸福的本质所在。最后，你需要认真地思考当下，在生活中各个领域做出改变。

无论你选择哪一条路，都不可能是一件轻而易举的事情！

表3-7　　　　练习5

领域	目标	相关过程	成功的标准	什么时候完成（具体日期）
工作中的人际关系				
工作地位				
工作的权力				
物质奖励				
工作的本质				
闲暇时间				
家庭生活				

第四部分：回顾和检视

理论上讲，这个步骤必须一直坚持下去。因为每个人内心都涌动着一股力量，对这一点，我们在书中已经探讨过，尤其是在最后几个练习中，我们一直强调生活蕴含着持续的调整和变化，即使“保持波澜不惊”的直线生活也是如此，正如我们在漫长笔直的公路上驾驶汽车时，始终紧紧握住方向盘一样。所以通过练习，我们可以立刻让生活重新回到平衡的状态。在实践中，我们似乎不太需要这个步骤，因为一旦我们掌握让生活保持平衡的工具，当我们生活中某个领域陷入失衡状态，我们就会本能地重新调整自己，正如我们本能地调整方向盘那样。

但是，在你完成行动计划之后，不管你花了多长时间，你都需要再做一次生活平衡测试，以了解你的生活发生了哪些变化。

评价你取得的进展还有一个简单的办法：请教你身边的人——家人、朋友或同事，问问他们有没有留意到你的改变。

不过，最好的测试其实是扪心自问，诚实、清醒地回答自己！

The Complete Personality Assessment：Psychometric tests to reveal your true potential

ISBN:9780749463731

E-ISBN:9780749463748

图书在版编目（CIP）数据

个性优势 ：揭示个人能力真相的心理测评 / （英）吉姆·巴雷特（Jim Barrett），（英）休·格林(Hugh Green) 著 ；覃薇薇译. -- 北京 ：中国人民大学出版社，2020.5

书名原文：The Complete Personality Assessment : Psychometric tests to reveal your true potential

ISBN 978-7-300-28022-6

Ⅰ. ①个… Ⅱ. ①吉… ②休… ③覃… Ⅲ. ①心理测验 Ⅳ. ①B841.7

中国版本图书馆 CIP 数据核字（2020）第 056868 号

个性优势：揭示个人能力真相的心理测评

[英] 吉姆·巴雷特（Jim Barrett）
休·格林（Hugh Green） 著

覃薇薇 译

Gexing Youshi：Jieshi Geren Nengli Zhenxiang de Xinli Ceping

出版发行	中国人民大学出版社		
社　　址	北京中关村大街 31 号	**邮政编码**	100080
电　　话	010-62511242（总编室）		010-62511770（质管部）
	010-82501766（邮购部）		010-62514148（门市部）
	010-62515195（发行公司）		010-62515275（盗版举报）
网　　址	http://www.crup.com.cn		
经　　销	新华书店		
印　　刷	天津中印联印务有限公司		
规　　格	148mm × 210mm　32 开本	**版　次**	2020 年 5 月第 1 版
印　　张	7.125　插页 1	**印　次**	2024 年 5 月第 3 次印刷
字　　数	166 000	**定　价**	69.00 元

北京阅想时代文化发展有限责任公司为中国人民大学出版社有限公司下属的商业新知事业部，致力于经管类优秀出版物（外版书为主）的策划及出版，主要涉及经济管理、金融、投资理财、心理学、成功励志、生活等出版领域，下设“阅想·商业”“阅想·财富”“阅想·新知”“阅想·心理”“阅想·生活”以及“阅想·人文”等多条产品线。致力于为国内商业人士提供涵盖先进、前沿的管理理念和思想的专业类图书和趋势类图书，同时也为满足商业人士的内心诉求，打造一系列提倡心理和生活健康的心理学图书和生活管理类图书。

《极简个性心理学：破解人格基因》

- 诺贝尔生理学或医学奖获得者埃里克·坎德尔、美国精神病学会主席约翰·奥德汉姆、哈佛大学神经生物学教授史蒂文·海曼联袂推荐。
- 深入浅出的识人科学体系，发现人内心深处最真实的一面，在人群中找到更适合自己的存在方式与相处方式。

《职业规划心理咨询全案》

- 中国心理学界泰斗级大师、北京师范大学教授、博士生导师张厚粲先生倾情推荐。
- 一本解决职业发展与规划、职业困惑与选择等问题，进行就业辅导与咨询的权威著作，是职业咨询师必备的案头指导书。

《人格心理学：人格与自我成长》

- 一部自 1974 年问世以来不断更新再版、畅销 40 余年的心理学经典著作。
- 完整梳理现代人格理论的发展脉络，讲述心理学各大流派对人格理论的构建及贡献。
- 以跨文化的全球性知识体系帮助你深入了解人类的本性，以便你可以用来更好地了解自己、了解他人。

《心理学经典入门》

- 一本位居美国排行榜前列的全彩心理学经典入门通俗读物。
- 帮助读者深入浅出地了解心理学全貌，体验心理学的妙趣。
- 南京大学社会学院心理学系主任周仁来领衔翻译。

《社会学经典入门》

- 被美国大学广泛采用的全彩社会学入门书。
- 一本高达 14 版次，帮助人们理解自己在今天的社会和明天的世界中的位置的社会学通俗读物。
- 北京大学社会学博士、南京大学社会学院教授风笑天领衔翻译。